基于复合网络的
城市多模式交通结构研究

陈梦微　著

中国建筑工业出版社

图书在版编目（CIP）数据

基于复合网络的城市多模式交通结构研究 / 陈梦微
著. -- 北京：中国建筑工业出版社, 2024. 7. -- ISBN
978-7-112-30173-7

Ⅰ. U491.2

中国国家版本馆 CIP 数据核字第 2024BQ7031 号

　　本书将影响城市交通结构的要素抽象提取，分析影响城市交通结构演化的各要素间因果关系。在明确系统反馈形式和政策调控机制的基础上，建立城市交通结构演化及政策调控的系统动力学模型，研究系统状态描述方法、控制目标确定方法和交通结构控制策略制定的理论和方法。

　　本书可以作为交通工程、交通运输、交通规划、城乡规划等相关专业的参考用书，也可以作为从事智能交通规划与管理、城乡规划以及交通规划设计的决策者和从业人员的参考用书。

责任编辑：朱晓瑜　吴宇江

责任校对：赵　力

基于复合网络的城市多模式交通结构研究
陈梦微　著
*
中国建筑工业出版社出版、发行（北京海淀三里河路 9 号）
各地新华书店、建筑书店经销
国排高科（北京）信息技术有限公司制版
建工社（河北）印刷有限公司印刷
*
开本：787 毫米×1092 毫米　1/16　印张：6¾　字数：126 千字
2024 年 11 月第一版　　2024 年 11 月第一次印刷
定价：**35.00** 元
ISBN 978-7-112-30173-7
（43575）

前　言

城镇化与机动化的同步快速发展使城市交通拥堵在我国各大城市蔓延。受交通状态中表现出的各种具体问题的牵制，交通管控措施往往治标不治本，这使管理陷入被动。为从根本上解决交通拥堵问题，提高供需结构对应的交通系统服务水平，需要通过交通结构控制策略，采用资源配置和政策调控的手段调整交通需求，降低个体机动化出行的比例，鼓励公共交通出行。

城市交通具有系统性、复杂性的特点，涉及众多系统要素，且关系复杂。因此，本书将影响城市交通结构的要素抽象提取，分析影响城市交通结构演化的各要素间的因果关系。在明确系统反馈形式和政策调控机制的基础上，建立城市交通结构演化及政策调控的系统动力学模型，研究系统状态描述方法、控制目标确定方法和交通结构控制策略制定的理论和方法。一方面，本研究的成果可以促使交通决策实现智能化和系统化，有利于从根本上缓解城市交通拥堵问题；另一方面，可以推进系统动力学在交通工程领域的应用，深化和丰富系统动力学理论。本书可以作为交通工程、交通运输、交通规划、城乡规划等相关专业的参考用书，也可以作为从事智能交通规划与管理、城乡规划以及交通规划设计的决策者和从业人员的参考用书。如有不足之处，请读者朋友们批评指正。

本书的出版首先要感谢作者的博士导师浙江大学王殿海教授多年来的悉心指导。同时，还要感谢浙江工业大学的陈前虎教授、吴一洲教授，浙江大学金盛教授、孙轶琳副教授对作者在科研与工作上的指导、支持与帮助。

本书是国家自然科学基金重点项目（52131202）、国家自然科学基金面上项目（52072340）、浙江省哲学社会科学规划课题（23NDJC098YB）支持的研究成果。

陈梦微

2023 年 11 月于浙江工业大学

目　　录

1

绪　论

1.1 研究背景与意义

1.1.1 研究背景

交通拥堵在我国各大城市愈演愈烈，不仅降低了居民的出行效率，更严重阻碍了城市的可持续发展。城镇化与交通机动化的同步快速发展是导致交通拥堵加剧、资源消耗增加及环境恶化的主要原因[1]。交通拥堵问题给各大城市造成巨大的经济损失。近年来，拥堵问题正逐步扩展到中小城市，影响了城市的整体运行效率和总体发展。与此同时，交通拥堵同样给居民的日常出行带来了负面影响，多数特大城市的居民平均通勤时长超过1h[2]。

为缓解交通拥堵，城市建设者和管理者投入了大量人力、财力，通过加强道路、轨道交通建设，增设快速公交设施、公交专用道，开发公共自行车系统，改造交通管制设施，对小汽车实行限购、限行等措施，致力于对交通供给结构的改善和对出行需求的控制及引导，但效果并不理想。交通供给资源有限，而交通需求仍在持续增长。

面对交通拥堵治理中的困难和矛盾，如果仅针对交通状态所表现出的具体问题采取相应的管制措施，会使交通管理陷入被动的境况。交通结构控制是缓解交通拥堵的根本途径。从本质上看，交通拥堵是交通供需水平对应的交通状态低于理想交通服务水平的表现。从交通管理的角度看，在既定的供给条件下，可以通过交通控制调整供需结构，从而提高服务水平。然而，微观的调控手段，如通过优化信号配时增加道路通行能力等，对拥堵的缓解作用十分有限。当供需矛盾激化到一定程度时，需要通过交通结构控制策略，采用资源配置和政策调控的手段来调整交通需求，控制人均占有时空资源较多的小汽车出行比例，引导和鼓励出行者使用运输效率更高、人均时空占有比例更小的公交、轨道交通，或更低碳环保的自行车、步行等出行方式，以减少对小汽车交通的出行需求，从而缓解地面交通的压力。

城市交通是一个复杂系统，对该复杂系统的交通结构进行研究，需要从系统科学的角度梳理各因素间的关系。尽管随着"大数据""云计算"及"移动互联"等信息技术的快速发展，城市交通大数据为交通智能化管理与控制提供了丰富的数据资源，但数据的挖掘及应用仍需要系统演化及调控的理论支持。交通系统涉及诸多变量，类型涵盖了交通需求变量、资源配置变量、政策调控变量及其他与社会经济等因素相关的变量。因此，对其进行系统梳理，分析变量间的因果反馈关系，从而揭示资源配置变量和政策调控变量对系统的作用机理是十分迫切且非常必要的。

1.1.2 研究意义

基于上述研究背景，本书以多模式复合网络的交通结构为切入点，在分析方式链交通出行特点的基础上，将各种影响交通系统的因素与交通结构控制变量相关联，建立交通结构演化及控制的系统动力学模型，从静态解析角度分析多模式交通结构的演化规律，以交通政策变量为核心研究交通结构控制方法，为缓解交通拥堵的管理及控制决策提供了理论支持。本书的意义主要体现在以下两点：

1. 为交通决策的智能化和系统化提供理论支持

控制交通需求必须控制交通结构。以政策联动来引导、优化交通需求结构，改变现有交通建设和管理中，交通规划方案及政策措施的制定受制于"交通供给迎合交通需求"的被动思路，从系统的角度为有限交通资源条件下解决交通问题提供决策支持。

2. 推进系统动力学在交通工程领域的应用

从系统动力学角度解释城市交通结构演化规律和政策调控的作用机制，在研究方法上更具有系统性。对交通系统中各要素之间的联动关系进行研究，力求避免策略的片面性。同时，本研究丰富和深化了系统动力学理论在交通工程领域中的应用。

1.2 研究思路与内容

1.2.1 研究思路

本书以多模式交通组合出行背景下的城市交通结构为研究对象，通过对城市交通系统中各要素间因果关系的分析，构建系统动力学模型，具体研究思路如图 1-1 所示。基于方式链出行特点构建多模式交通复合网络，研究方式链出行成本对交通结构的影响，定量分析系统中出行成本、出行需求、交通状态及政策调控子系统间的复杂、非线性因果关系，对交通系统在政策作用下的演化过程进行描述，并研究政策对交通结构控制的策略和交通结构演化的联动作用机制。

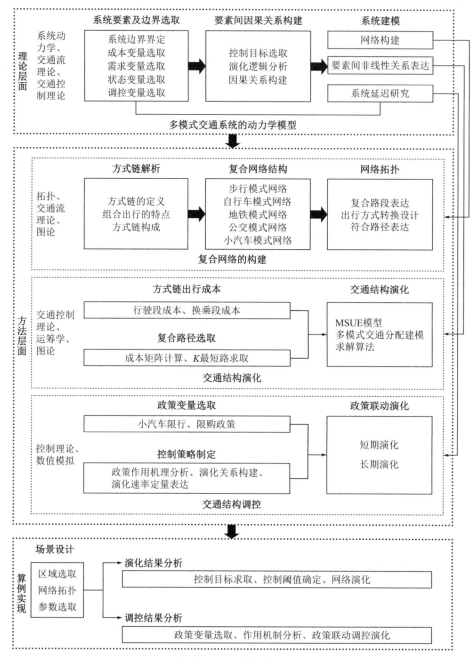

图 1-1　研究思路

1.2.2　研究内容

结合多模式交通网络的特点，提出多模式交通网络拓扑方法。在抽象影响城市交通结构要素的基础上，分析影响城市交通结构演化的要素间因果关系，明确交通结构控制是通过政策调控改变出行成本，从而改变出行方式选择，最终导致交通状态改变的系统反馈形式，并构建城市交通结构调控的系统动力学模型；研究多模式交通出行在复合网络中的平衡机制，提出多模式交通分配方法；剖析政策控制变量对交通平衡状态改变的作用机理，提出政策联动调控策略。具体研究内容如下：

1. 多模式交通复合网络构建方法

基于方式链出行特点，分析多模式交通复合网络的结构，明确不同方式层的结构异同点，确定各方式层的拓扑方法。基于方式转换成本构成的研究，分析方式转换节点及转换段拓扑方法，并给出复合路径表达方式。

2. 多模式复合网络交通分配模型

明确系统中方式链出行成本、方式链选择、复合网络交通状态间的因果回环，分析三者间因果关系的定量表达方法。基于出行成本效用函数与多模式交通背景下的用户均衡理论，研究多模式交通需求在复合网络上的交通分配模型，并给出求解算法。

3. 基于复合网络的多模式交通结构调控模型

借鉴系统动力学思想，明确系统研究边界，抽象选取系统要素，分析出行需求子系统、出行成本子系统、网络状态子系统和政策调控子系统中包含的要素及要素间因果关系，阐述交通结构的演化逻辑。明确系统控制目标、控制阈值及状态评价指标，选取政策调控变量，构建多模式交通结构调控的系统动力学模型。研究交通结构控制策略的制定方法，分析在既定控制目标下，单一政策控制变量实施的短期作用机制及系统演化过程，阐释政策的长期联动调控策略、作用机制及系统的演化过程。

1.3　研究框架结构

本书基于复合网络多模式交通的方式链出行，探讨系统交通结构的演化机制、政策调控导向的交通结构调控方法。全书共包括 7 章内容，研究框架如图 1-2 所示。

本书共分为 7 个章节，除了第 1 章绪论介绍了课题来源，阐述研究背景与意义、研究思路与主要内容，并且陈述了研究的组织架构外，其余各章节安排如下：

第 2 章为国内外研究现状及发展动态。本章首先系统总结了交通结构控制方法、交通网络模型、多模式交通分配模型的研究进程及相应成果，并对已有成果的优势及缺陷作出评价。然后针对本研究所借鉴的系统动力方法的发展及其在交通领域的应用作了回顾及点评。

第 3 章为复合网络构建，为后续系统交通结构演化的研究提供网络模型。在阐述多模式交通系统的研究目的的基础上，明确了多模式交通与复合网络的关系。在分析了多模式交通系统的交通结构演化逻辑的基础上，解析了出行成本、方式选择及交通状态间的复杂非线性关系，给出复合网络的定义与表征多模式交通出行特点的方式链出行定义，并基于对方式链出行特点的定性分析和以调查数据得出的方式链构成特点，给出复合网络结构框架。对复合网络进行拓扑，构建各出行方式网络层、方式转换网络，明确复合网络中各路段和复合路径的表达方法。

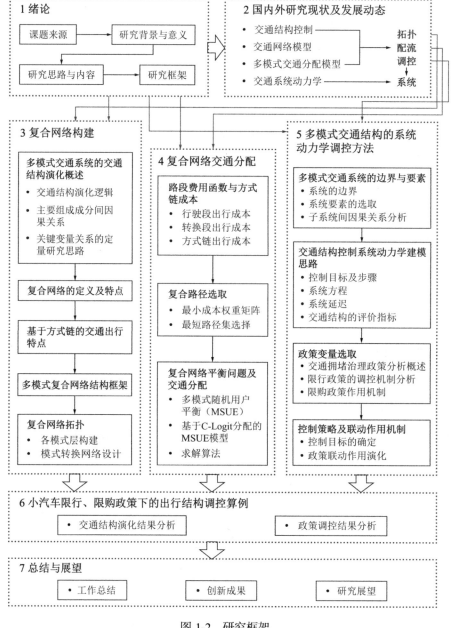

图 1-2　研究框架

第 4 章为复合网络交通分配。基于交通结构演化所涉及的出行需求、出行成本、交通状态三个子系统中各要素的复杂关系,对交通结构在网络上的分布作进一步的研究。本章构建了路段的费用函数与方式链成本计算方法。结合方式链出行广义成本和K最短路算法给出了复合路径集合的选取方法。基于 C-Logit 多路径分配模型和多模式随机用户平衡理论对网络交通结构的静态分配过程建模,并给出求解算法。

第 5 章为多模式交通结构的系统动力学调控方法。本章首先明确了系统的研究边界,确定了系统的要素,明确了出行需求子系统、交通状态子系统、出行成本子系统和政策调控子系统间的因果关系,并选取了子系统的变量。在制定系统控制目标和研究步骤的基础上,提出了交通结构控制的系统动力学建模思路。通过分析多模式交通结构的组成与特征,明确了表征交通结构的方式运输周转量指标的计算方法。对与调控目标相关的拥堵治理政策作了梳理,选取了小汽车限行、限购政策作为政策调控变量,研究了政策的短期演化机制和政策联动控制下的系统长期演化机制及调控策略。

第 6 章为小汽车限行、限购政策下的出行结构调控算例。以第 3 章的复合网络拓扑方法对真实路网进行拓扑,以假设数据对第 4 章提出的方法进行验证,并演绎第 5 章提出的政策作用机制及调控策略。

第 7 章为总结与展望,系统地总结本研究的主要研究内容和成果创新情况,并指出研究的不足与未来研究方向。

1.4 小结

本章首先阐述了交通结构控制的研究背景与意义,明确了复合网络的多模式交通结构调控方法的研究思路与研究内容,最后给出了研究框架结构及各章内容安排。

2

国内外研究现状及
发展动态

对于城市交通系统的分析，许多发达国家起步较早，且已经积累了一定的研究经验。纵观国内外的研究成果，总体以单一方式的交通系统分析为主，部分研究涵盖了多模式交通组合出行。在涉及多模式交通的相关研究方面，国内外的研究成果大多从交通结构优化、多模式交通网络构建与拓扑、多模式交通流分配等方面展开。

本章首先就城市交通结构控制、交通网络模型和多模式交通分配模型三个方面的研究进展进行总结，归纳了目前国内外学者的相关研究成果。然后从交通系统的研究方法角度，回顾了本书采用的系统动力学方法在交通领域的应用及相应成果，为后续研究的开展提供理论基础。

2.1 交通结构控制

交通结构的实质是各种交通方式在交通系统中的分担率，既反映出行需求的特征，又体现了各交通方式在系统中的功能地位，能够直接影响有限的交通资源配置，且是决定城市交通系统运输效率的关键因素。对交通结构的合理调控，一方面，可以使交通系统内的各类出行需求得到满足。另一方面，可以使城市交通的供给资源配置相协调。通过合理的政策调控措施对居民出行选择高效、环保的可持续性交通出行方式进行有效引导，从而缓解城市交通拥堵、提高城市交通系统的总体运行效率[4]。

目前，随着城市规模的不断扩大，城市机动化水平快速提高，不充足的交通供给如何满足不断增加的交通需求和呈多样化发展的交通结构，实现新的平衡的供需关系，已经成为亟待解决的问题。面对庞大的交通出行需求与道路重建和扩建的困难，为城市建立一个基于可持续发展理念的合理交通结构迫在眉睫。相较于盲目扩大城市交通运输供给的体量，提高居民日常出行中高效率、低能耗、低污染、高运量的交通方式比例在解决城市交通问题中的作用更加具有有效性和可持续性。

现有的城市交通结构研究主要涉及四个方向：

（一）城市空间布局和交通结构的发展模式

目前，根据各国国情和城市交通模式发展的经验，学者们提出了四种城市交通发展模式[5-7]，见表 2-1。

四种城市交通发展模式　　　　　　　　　　　　　　　表 2-1

发展模式	特点	典型城市
全面倡导小汽车出行	提倡城市的分散化发展、市中心功能的分散，以长距离出行为主要模式	洛杉矶、底特律等
公共交通系统和小汽车为方式主体	两种方式的分担率接近，城市以高密度和集中式发展，并保持较强的城市中心功能，交通网络包括靠近市中心的强大环形路	巴黎等
轨道交通作为公共交通的支柱	限制汽车出行和保留市中心的功能，同时建立不同级别的分散中心，最大限度地降低居民的出行需求	东京、新加坡、斯德哥尔摩等
以小汽车为主要方式，以公共交通为补充	城市公路和铁路网络呈放射状，城市中心功能受到限制，在一定程度上保留了市中心的作用，并鼓励郊区中心的发展	旧金山、墨尔本等

从上述分析可以看出，城市的空间布局与交通结构的发展模式密切相关，不同的城市空间布局将产生完全不同的交通发展模式，进而形成不同的交通结构。虽然目前优先发展公共交通以改善城市交通状况已经形成了国际共识，但是基于不同城市布局的特点，对城市居民出行的不同交通方式分担比例还有待进一步研究。

（二）城市土地利用与交通结构的关系及建模

Ewing[8]等指出，如果考虑居民出行的到达时间和出行目的地两个因素，则出行方式的选择与城市形态之间存在着很强的相关性；且在不同城市的土地利用分布情况下，居民出行的交通方式存在较大的差异。Kakaraparthi 和 Kockelman[9]使用 UrbanSim 仿真软件对美国得克萨斯州奥斯汀城市交通结构与土地利用系统之间的互动关系进行了仿真研究，该仿真模型可以兼容不同情境环境对模型的反馈作用。Yigitcanlar 和 Dur[10]提出了 SILENT 模型来评估城市土地利用、建成环境和交通结构的可持续发展。

国内外的研究一致认为城市空间分布和土地利用对居民出行选择有重要影响。这些研究成果运用定性和定量分析的研究方法，综合分析了城市土地利用的强度、人口规模、住房、就业情况等因素之间的相互关系，深入探索了各种因素对小汽车出行率和出行距离的影响。此外，一部分研究成果根据城市土地利用和交通结构的发展过程和结构特点，在研究交通结构、城市形态、人口密度和城市规模的基础上，从土地利用的角度提出了不同的城市交通结构发展的建议；另一部分研究成果近年来在实践中得到了应用，不少城市相继建立了土地利用和城市交通结构优化的理论模型和方法，并基于不同优化目标将优化模型应用于交通结构调控的规划实践中。

（三）城市交通结构优化模型与方法

相较于上述两个研究方向，城市交通结构优化模型与方法是近年来发展较快的研究方向。总结已有研究成果，对城市交通结构优化模型的构建主要可以归纳为三个方面：①分别从政府的公共管理角度和居民的个人出行方式选择角度出发，分析各种交通方式的优缺点，进而对交通结构进行优化建模[11]；②关注单方面发展的需求以优化交通结构，基于行程时间的可靠性分析来优化居民通勤交通的出行模式，如 Bhat 和 Sardesai[12]研究了行程时间可靠性和行程驻留时间对出行方式选择的影响，并提出了相关的优化建议；另有部分研究选取不同的优化目标，或从低碳环保出行的角度出发，或以出行成本最小和效用最大为目标，对交通结构进行优化研究[13-14]；③以宏观交通系统为视角，根据城市可持续发展的需求，考虑经济、社会、资源和环境条件的制约，建立交通结构优化模型，如在可持续发展交通规划理论体系下，Wang 等[15]提出了交通容量、环境容量和出行方式能耗的概念，给出了以能耗为优化目标的交通结构优化模型，以保证交通结构合理、能耗最小且满足出行需求；Lu 和 Wang[16]则针对城市交通的可持续发展提出了城市交通系统客流结构的优化原则等。

在已有的研究中，基于不同优化目标的交通结构优化模型已在规划实践中得到应用，但相关参数及影响因素的确定和选择仍基于假设，模型中的一些约束条件也没有完全量化，仍需要进一步分析。

（四）公共交通和个体交通的竞争及两者需求相互转换

最后一个重要的研究方向是对公共交通和个体交通的竞争及两者需求相互转换的探索。Prato 等[17]比较了哥本哈根地区短距离出行情况下的公共交通和个体交通出行分布，建立了基于城市交通生态承载能力限制下的竞争模型；Tabuchi[18]研究了不同收费系统下公共交通和个体交通两种出行方式之间的竞争关系；Koryagin 和 Katargin[19]基于轨道交通与常规公交的吸引量影响因素分析，构建了两种方式间的竞争模型；Eriksson 和 Nordlund[20]分别研究了燃油税增加和公共交通服务供给增加两大政策，发现两项政策分别独立实施对降低小汽车出行的效果并不显著，但将两项政策组合实施则能较为显著地降低小汽车出行的比例；Habibian 和 Kermanshah[21]基于对通勤出行者的问卷调查，就增加停车费用、增加燃油成本、实施警戒线定价、缩短行程时间和提高公共交通可达性五项政策进行了调查评估，提出了政策的边际效益及其对小汽车使用强度变化的同步效用。

综上所述，交通结构的研究始于城市机动化交通的快速发展，主要集中在研究土地利用与交通结构的关系、交通结构优化及不同交通方式间的相互转移、交通结构优化，以及对不同交通管理措施的政策实施经验的案例分析。但基于不同优化目标的城市交通结构调控在相关因素和约束条件的确定和选择上仍趋于片面[22]。另外，多数研究使用多元线性数学模型构建交通结构优化模型，不能反映交通模式在系统中的相互影响关系。

2.2 交通网络模型

城市交通网络的构建是交通系统研究的基础。随着 20 世纪 70 年代国外学者对城市交通网络的结构与时空复杂性的研究及仿真，不少基础网络结构理论与网络构建方法被用于城市交通网络的研究[23-25]。大量的实证研究在理论研究基础上开展起来，包括美国 40 个主要城市地面街道网络构建[26]、德国 20 个城市的地面交通系统网络等在内的典型交通网络模型[27]。为优化交通网络的整体运行效率，学者们提出了包括交通运输需求、交通运输效益等在内的交通运行特征与交通网络间的互馈关系模型，逐步形成了交通网络演化机制与动态调整的研究成果[28-29]。

交通网络模型分为数据模型和网络拓扑两个重要方面。作为道路交通数据应用的核心基础技术，交通网络数据模型是对现实世界的路网及其相关的地理特性进行数据抽象，以建立应用于交通系统领域的可以共享的交通网络模型。对其中几类代表模型进行归纳比较，见表 2-2。

交通网络模型比较 表 2-2

网络模型	组成	模型层次	网络构建
GDF（Geogrphic Data Files）[30]	要素模型 属性模型 关系模型	几何图元 简单要素 复杂要素	从现实交通网络中按照特征提炼出概念体系
MDLRS（Multimodal, Multidimensional Location Referencing System）[31]	交通特征 交通联合体	起源拓扑 几何数据 时间维度	采用动态分段技术，将拓扑和道路几何数据分开
非平面数据模型[32]	节点 弧段	起源拓扑 几何数据	以整条道路作为基本建模元素将拓扑与几何数据分开
多模式网络数据模型[33-34]	模式等级 模式转换	基于网络拓扑 最优路径分析	基于单模式交通网络模型与多模式复合交通网络模型

交通网络数据模型的构建需要结合拓扑结构描述，而道路网络的结构布局是城市中各种地理要素的分布特征，具有复杂网络系统的结构特性[35]。伴随复杂网络研究的发展，它被应用于交通领域以研究城市多模式交通网络的拓扑结构，以支持城市交通网络运行研究。高自友等[36]将复杂网络按照网络拓扑结构的特征分为完全规则网络、完全随机网络、小世界网络和无标度网络四类；Sen 等[37]以网络拓扑表象 P 空间对地铁网络拓扑，将地铁站作为网络"节点"，只要有车经过两个节点，则认为两站点间有地铁线路连接，并研究了其网

络的"小世界"特性；汪涛等[38]基于统计分析对国内 4 个城市的公交网络以拓扑表象 P 空间等分析网络拓扑结构特性。

基于复杂网络理论，多个交通网络叠加的城市复合交通网络的研究也有了一定进展。卫振林等[39]构建了城市道路交通网络和城市轨道交通网络叠加形成的复合交通网络模型并分析其特性。针对目前对多模式交通网络模型的构建，主要是对于静态交通拓扑结构建立无权网络模型而不考虑动态性和时空复杂性的缺陷，强添纲等[40]建立了考虑客流量和运行时间的城市多模式交通加权网络，并研究其网络特性及鲁棒性。

构建合理的交通网络模型以支持交通系统中各特征的研究至关重要。上述网络模型的拓扑是在图论和地理信息系统的基础上构建网络的空间关系，并运用相应的数据变量表征网络状态的动态变化。在构建多模式复合网络的过程中，既要兼顾拓扑的空间结构及时间特性，又要提炼出较为简洁、可操作的构建方法，这是网络模型构建的难点。

2.3　多模式交通分配模型

多模式交通出行在实际居民出行中普遍存在，尤其符合我国大城市的交通出行特点。在现有的交通规划预测模型中，应用最广的"四阶段法"在方式划分阶段只考虑一次出行的主要方式，是基于单方式出行的预测模型。但在实际出行中，多数情况下很难确定一次出行中的主要方式。另外，仅考虑单方式出行的方式划分在出行成本负效用的计算中忽略了不同方式间的转换成本，使得模型对出行结构的刻画不够准确。因此，多模式复合网络的研究对探索城市交通本质特征、完善交通规划体系，具有必要性和迫切性。

目前对于多模式复合网络的研究，主要包括基于多模式网络拓扑的路径选择及交通分配。对路径选择的算法，最常见的是 Dijkstra 算法，基于有向图搜索从一个顶点到其余各点的最短路径[41]。该算法的应用涵盖了客运、物流等多领域的路径选择应用，并在智能交通系统中应用广泛。在方法应用方面，Wang 等将公交换乘成本加入路权中，并应用该算法求最短路径[42]；Ferreira 等在构建了基于多元数据的决策支持系统中融入了 Dijkstra 算法[43]。在对方法的研究及改进方面，Xu 等分析了 Dijkstra 算法的缺陷并提出了改进的方法[44]；Biswas 在路网中引入一个模糊条件因子并修正了 Dijkstra 算法[45]。在多模式交通的路径选择研究方面，Yan 和 Niu 以换乘准则和距离准则构建了启发式路径选择算法[46]；Goel 等提出将计算交通枢纽节点间换乘模式的 Dijkstra 算法用于多模式交通网络[47]；Tien 和 Macdonald 提出了以换乘最少的最短路算法[48]。这些成果完善了 Dijkstra 算法，但该算法本身适合较小规模的交通网络,对大型网络的最短路搜索效率较低。Floyd 算法也是网络路径寻优问题中的常用方法,它基于图论通过在路径中插入节点以求解任意两点间的最短路径,但同样存在适用网络较小的问题;具有启发式搜索功能的蚁群算法等适用于大规模复杂网络但搜索时间较长[49]。

由于交通分配的需要,K 最短路算法的研究也得到了较大的发展。经典的 K 最短路算法可以分为以路径无闭环路的偏差算法[50-52]和可能包含闭环路的标记算法[53-56]两类。在交通问题的应用中,Wu 和 Hartley 作了基于 Dijkstra 算法的 K 最短路算法的研究,规定以出行者特性为约束对最优路径的研究[57]为第一类;Jin 和 Chen 在扩展的 Floyd 算法的基础上提出的多约束最短路径算法[58]为第二类。

对多模式交通分配的研究,早期的成果是以单方式网络的交通流分配模型为基础,不考虑不同模式间的相互影响,如 Florian 等[59]将交通分配问题拓展为双模式交通均衡模型;Fisk 等[60]基于变分不等式构建了模式选择和流量分配的优化模型,但是没有给出路径选择方法及模型求解算法。随后,Sheffi[61]将多模式网络拓展为基于不同方式层和换乘弧组合结构的超级网络,并对包含小汽车和公交车两种出行方式的网络平衡问题进行建模及求解。Nguyen 和 Pallottino[62]、Angélica 和 Storchi[63]将超级网络路段分为行驶段和换乘段,并求解包含换乘情况的最短超级路径,进而进行超级网络的交通分配。Lam 等[64]构建了针对多类型出行者的分类用户出行分布、方式选择及交通分配的组合模型,并对 F-W 算法和 Evans 算法作了对比研究。Fernandez 等[65]开发了基于组合出行的框架模型,并提出了一种三层组合出行模型及相应的路径选择方法,克服了基于 Logit 分配模型的重合路径过载的缺陷。Lo 等[66]将多模式网络转换为考虑换乘的 SAM(State-Augment Multi-modal)增广网络,但是由于模型设计较为复杂,难以应用于实践。在多模式网络交通分配模型的研究基础上,Hamdouch 等[67]研究了基于多模式网络均衡系统最优模型的拥堵收费定价问题;四兵锋等[68-69]和高自友[69]建立了多模式的城市混合交通均衡分配模型,并给出了相应的求解算法;黄海军和李志纯[70]基于给定的出行需求分布,研究私家车和地铁两种出行模式的出行者对路径及换乘站点的选择,并探讨交通量在路网上的分布情况;孟梦和邵春福等[71]提出了弹性需求下的组合出行模式,基于交通网络平衡条件提出了等价变分不等式模型,丰富了多模式交通网络研究。

现有多模式交通分配的模型对出行特点的考虑仍较为欠缺,在路径选择及换乘成本等方面的研究仍需更深入、严谨的理论支撑,复合网络的构建亦有待完善,因此仍有很大的研究空间。

2.4 交通系统动力学

系统动力学（System Dynamics，SD）理论为美国麻省理工学院 Forrester 教授于 1956 年提出[72]，并自创始后在解决社会经济问题上显示出了较大的适用性。国内系统动力学的发展开始于 20 世纪 70 年代末，经过王其藩、许庆瑞、胡玉奎、汪应洛等学者的倡导与推动，目前系统动力学在国内各个领域得到了广泛的应用[73-74]。从 20 世纪 80 年代到现在，系统动力学在理论研究方面所取得的进展包括与控制理论、系统科学和突变理论联系的加强，同时也在耗散结构、结构稳定性分析、灵敏度分析与参数估计以及优化技术应用和专家系统方面的研究有所拓展。

系统动力学在交通领域中的研究主要集中于交通运输系统的建模[75-79]、城市土地利用与交通系统关系的分析[80-81]、城市交通可持续发展[82-85]等方面。Stephanedes[86]提出了具有反馈机制的交通系统动力学模型，克服了传统模型因忽视延迟反馈和因果关系导致的一致性缺失问题。Shepherd 等[87]从最大化交通资源效益的视角，提出了系统动力学和交通运输系统的议题。Kahn[88]从宏观上利用系统动力学分析了交通政策的实施、交通投资的发生对社会和经济环境的影响。Smits 和 Verroen[89]利用系统动力学模型来模拟相关交通政策对长期客流预测的影响。王继峰、陆化普等[90]在系统结构分析和因果反馈分析的基础上，建立了城市交通系统的动力学模型。

系统动力学在交通系统更微观的应用上主要集中在对城市交通拥堵的研究，对小汽车保有量[91-92]、人均出行量的预测[93]等方面。姜洋等[94]提出了系统动力学模型对政策实施影响推演的分析功能，但是仅通过借鉴系统动力学的思想，描绘拥堵机制的因果反馈关系，用于定性分析系统内部结构的因果关系及其反馈机制。

目前系统动力学在交通结构控制方面只局限于单个交通结构控制策略或对交通改善情况的评价。由于交通结构控制方案实施涉及许多方面，因此，在政策实施之前，预测各影响因素对策略实施造成的影响、及时更新反馈结构控制的方案具有重要意义。

国内外的学者利用系统动力学的思想在该领域取得了研究进展。Ali[95]等首次运用系统动力学模拟仿真土地利用政策与交通需求管理的内在关系，但受限于数据的可获取性，使得研究成果相应地受到了限制。Armah[96]构建了交通拥堵、旅行时间、道路承载能力与城市污染的因果关系图，并提出需要采用相应的需求管理政策。Sabounchi[97]通过系统动力学阐述了使用拥挤收费对缓解交通拥堵的作用，使用伦敦历史交通数据标定参数，考虑了出行者个人观念对结果的影响，并指出该模型并没有考虑迟滞现象，不能有效地在短期内解决交通拥堵。Cao 和 Menendez[98]在微观上从停车供需、进入停车区域、寻找车位、接近车位等多个步骤，利用系统动力学分析停车政策对交通系统的拥堵影响。Liu 和 Triantis[99]应用系统动力学思想构建了用于交通运输社会经济系统的决策平台，有助于决策者更好地理解政策所带来的影响。

刘炳恩、隽志才等[100]从宏观角度，用因果关系图和系统流程图解析了由土地利用—交通系统构成的大系统内各因素间的因果关系，对系统流程图进行了子模型划分，建立了土地利用与交通系统关系的动力学模型，完成了框架的搭设。包金华[101]进一步从系统动力学的角度，确定模型研究边界和各系统中的主要影响参数，分析拥挤收费系统中数量等式关系，构建了简单的方程式并进行定量分析。罗家静[102]在前人研究的基础上更加深入研究私家车需求系统内部结构，利用系统动力学仿真模型对现有单双号限行政策、扩建城市道路面积政策和加速轨道交通建设政策对私家车需求的调控效果评价，由于数据获取具有局限性，这种估计方法使模型在一定程度上受到影响。

目前，国内外运用系统动力学对交通结构控制的研究尚不够深入，没有形成系统完整的理论体系，相关的研究还只是利用了系统动力学的思想，并未真正将其作为调控理论工具。在宏观层面，模型构架较为简化，尽管目前在理论研究中模型设计得较为复杂，但在实际建模研究中则对这些理论框架进行高度概括。另外，反映各组成之间的反馈回路缺失，使得宏观系统缺乏有机耦合。这些问题使得目前构建的系统动力学模型难以支撑多个部门的政策调控需求。在中观层面，研究涉及的相关变量和参数还需要进一步精确优化，现有模型中状态变量的初始值均通过查阅统计年鉴获得，模型中辅助变量和表函数是根据历年的统计数据以及前人研究成果估计而得，此外，模型所考虑的要素还不够准确全面，方程也比较简单；在微观层面，政策输入变量还不够完善，还没有做到将其定量化，政策变量的确定也应该更实际，易于操作。另外在数据库建设、具体的函数关系确定、计算机模拟实现等方面仍有大量工作要做。

2.5 本章小结

本章首先对交通结构控制的研究现状进行了文献回顾，分别从城市空间布局和交通结构的发展模式、城市土地利用与交通结构的关系及建模、城市交通结构优化模型与方法、公共交通和个体交通的竞争及两者需求相互转换四个方面概述了交通结构控制的理论与方法。随后，针对交通结构研究的基础——交通网络模型的研究进行总结归纳，从数据模型和拓扑模型两方面对现有的模型进行比较归纳，并分析了基于多模式交通结构的网络模型研究成果的优势与不足。在此基础上，对多模式交通分配模型及求解算法等方面进行了总结，分析了各类多模式交通分配模型的特点及缺陷，为后续研究指明方向。最后，回顾了系统动力学方法在交通领域的应用，为本书所提出的研究方法的构建奠定基础。

3

复合网络构建

　　多模式交通出行是在城市空间结构不断扩张、居民出行距离不断增加、小汽车出行量也随之增加的背景下产生的。为了改善城市交通拥堵、提升人居环境质量、控制小汽车出行数量增长，优先发展公共交通、加快城市轨道交通建设成为重要的有效措施。由于公共交通具有"站到站"的特点，存在公交出行"最后一公里"的问题（事实上，公共交通出行的首尾段都存在"最后一公里"问题），因此，除了不断完善轨道交通和公交线网结构及覆盖率以外，公共自行车、共享单车等非机动交通系统也作为应对"最后一公里"的补充而发展起来。在此背景下，居民出行由单一方式逐渐向包含换乘的多方式组合出行转变，形成了基于"方式链"的出行结构。

　　多模式交通结构调控的思路，是以政策变量对出行需求的引导或资源配置的优化，通过改变出行成本，从而改变出行方式选择来调整交通结构在网络上的分布。因此，复合网络的构建是对多模式交通系统研究最基础也是最重要的一步。由于网络结构的拓扑（尤其是方式转换段的拓扑）体现了方式链出行成本的特点，因此在研究给定供给条件下的网络构建方法之前，要明确多模式交通系统的交通结构与方式链出行成本间的演化过程。

　　综上，本章首先对多模式交通系统的交通结构演化逻辑、要素间因果关系及系统中非线性变量的研究思路进行概述，然后给出承载多模式交通结构的复合网络相关定义及特点，并分析基于复合网络的"方式链"出行特点。最后，基于上述分析，提出多模式交通系统的复合网络拓扑方法，为后续的研究奠定基础。

3.1　多模式交通系统的交通结构演化概述

3.1.1　交通结构演化逻辑

　　多模式交通结构与出行成本之间存在演化关系，是交通供需演化的一种映射，其演化逻辑如图 3-1 所示。一方面，交通需求进入路网，通过对出行方式组合的选择，形成各方式链的交通需求。具体而言，出行者在确定出行起讫点（Origin and Destination，OD）后，就要选择最合适的出行方案以完成这次出行，包括对出行的方式组合及出行路径的规划。所有的方式组合在网络上的叠加，构成了多模式交通结构，并在交通供给的作用下，形成相应的交通运行状态。另一方面，出行方案的决策主要依据交通运行状态对方式链出行成本的影响，包括各方式路段集行程时间、舒适性及对各项交通服务的货币支出等，这些成本最终影响了出行者对出行方式组合的选择。

图 3-1　交通结构与出行成本的演化逻辑

按照出行方式来看，多模式交通网络是一个复合网络，由步行系统、非机动车道路网络、机动车道路网络、公交线网、地铁线网及方式转换系统构成，不仅承载着各方式的交通量，同时允许不同方式的出行需求在各种方式间进行转换。基于复合网络的交通结构演化过程，不仅包含的影响因素众多，且因素间关系复杂。因此，本书的目的是基于复合网络，厘清各因素间的因果关系，抽象影响多模式交通结构演化的要素对系统的反馈机制，并探讨交通政策等对交通结构演化的引导作用机理。

3.1.2　主要组成成分间的因果关系

从宏观角度分析城市交通供需结构演化的规律，多模式交通系统中各子系统包含的主要组成成分间的因果关系可表示为图 3-2 所示的结构。借鉴系统动力学思想进一步阐述交通结构演化的主要反馈机制和交通政策对结构演化引导的作用机理。

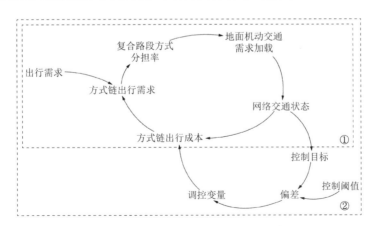

图 3-2　交通结构控制系统动力学因果关系

交通政策的实施是出行者对政策的逐步熟悉进而不断调整出行方案的过程，直至出行者得出最佳方案并形成习惯后达到相对稳定的状态。交通结构控制的系统动力学模型分为交通结构演化模块（图 3-2 虚线框①）和政策调控模块（图 3-2 虚线框②）两个部分。

在交通结构演化模块中，方式链出行成本影响出行者对于出行方式组合的选择，反映到网络中形成各方式的需求在网络上的加载，从而形成了相应的路网交通状态、路面交通网络的机动车辆加载量；而交通状态又影响和改变方式链出行成本，从而形成一条因果反馈回路。该回路的稳定状态即为交通网络系统的供需自平衡状态。

在政策调控模块中，通过制定控制目标——路面车辆加载数量的理想控制数量，并将其与实际路面车辆加载数量进行对比，判断是否需要调控。确定合理的控制指标作为阈值，当控制被触发时，通过政策调控、资源配置变量来调整方式链的出行成本，使出行者重新考虑出行方式。如此循环，直到城市交通逐渐达到平衡状态，实现结构控制目标。

3.1.3　关键变量关系的定量研究思路

在系统演化关系的研究中，主要难点在于系统中关键变量关系的定量描述方法。系统中主要存在三组关键变量关系，分别是方式链出行成本与方式链出行选择、路网交通量与方式链出行成本、政策调控变量与方式链出行成本。他们之间的定量关系复杂，下面分别阐述这三组关键变量关系的研究思路。

1.方式链出行成本与方式链出行选择

在一对已知 OD 间，可以找到多种连接起讫点的方式组合，而出行者如何选择则取决于方式链出行成本的大小。每条方式链的出行成本是由复合路径上每个路段的成本相加构成的，包括行驶段成本和转换段成本。在决策过程中，任何一个方式路段的任何一个成本组成部分的改变，都将改变 OD 间出行方式的选择及相应的分担比例。

因此在建模过程中，用方式链的广义出行成本表征各方式链的出行负效用，并构建方式选择模型求得各方式链的被选概率；由弱大数定理可知，各方式链选择人群的比例即为其被选概率。

2.路网交通量与方式链出行成本

网络中各路段的交通量与各路段的广义出行成本是一一对应的。但这种对应关系因方式网络的属性不同而不同，其中小汽车、自行车方式层的路段出行时间随加载量的变化而变化。同时，方式链出行成本由各个不同属性的路段构成，任何一个路段成本的改变都会使方式链总成本改变。

在网络中，同时存在多个 OD 交通量，它们一起加载到网络上又会使得网络各路段的成本发生变化。因此，要找到网络最后呈现的平衡状态，需要借助数学规划模型，找到网络平衡点的解。

3.政策调控变量与方式链出行成本

政策调控变量的作用对象是出行者，而政策调控的实质是通过改变出行成本来改变出行结构。政策对出行者的作用表现为对出行者进行需求限制或对资源进行重新分配。对前者来说，政策实施后出行者会重新评估各方式的出行成本，甚至精确到各路段的成本，继而调整对各方式链出行成本的估计，作为对政策的反馈，反映在出行中也将改变出行方式的选择。对后者来说，资源配置的重构从供给角度调整了出行成本，如降低公交票价即降低了公交出行成本，从而导致包含公交的方式链出行成本下降，相对而言，则提高了不包括公交出行在内的方式组合的出行成本。

对于方式链出行成本与方式链出行选择、路网交通量与方式链出行成本两组变量关系将在第 4 章中详细陈述，政策调控变量与方式链出行成本间的关系将在第 5 章中陈述。

3.2 复合网络的定义及特点

交通网络是多模式交通系统的载体，交通结构是出行需求在网络上的分布特征，其演化过程是需求与供给在网络上的互馈平衡。为了能更合理地规划和管理城市的交通系统，从交通结构控制的角度出发，对城市交通结构的演化机制和政策以及居民出行的引导及调控机制进行梳理，根据多模式交通特点构建"复合网络"。

复合交通网络系统是由不同模式的交通网络构成的交通系统，是一个多模式间相互支撑、出行可达性优于单一模式的交通体系[103]。相较于超级网络[61]强调对不同出行方式进行分层研究的概念，复合网络更多的是在此基础上对不同方式间的关联及转换进行探索。

当前的大城市交通系统即通过不同方式网络联合运输的衔接，为出行者的出行提供了从一个出行方式网络转换到另一个出行方式网络的可能[104]。相较于早期只注重地面机动交通路网的研究理念，目前对交通网络的研究，逐渐向关注全方式的多模式交通出行结构及方式间的相互组合与协调的方向发展。因此，对体现网络交通结构特征的复合网络"方式链"交通出行特点的研究是重要的基础和前提。

3.3 基于方式链的交通出行特点

3.3.1 方式链的定义

方式链是指居民为了到达一定的目的地，利用交通基础设施从 O 点到 D 点，按照时间先后顺序将不同出行方式连接起来的交通模式[106],是每次出行所采用的出行方式相连接而形成的一种链[107]。每一条方式链就是一种出行方案,而从 O 点到 D 点有时不只一条方式链,如图 3-3 所示。

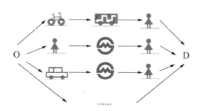

图 3-3　OD 间几种方式链示意图

事实上,以单一的交通出行方式完成一次出行也可以看作是一条仅由一种方式构成的特殊方式链,且单方式的交通出行仍占有较大比例,尤其是在小汽车保有量持续增长的情况下,小汽车出行以其几乎"门到门"的特点及较高的出行效率占据着较大的时空出行比例。同样具有"门到门"特点的,还有电动自行车和自行车两种出行特点较为相似的出行方式,相比小汽车出行,非机动车的出行更为灵活,且受停车设施的影响较小。在拥有公共自行车和共享单车的城市,以自行车为单一方式完成短途出行的比例较高。这些出行的行程时间大多在 45min 以内,主要的出行目的为外出办事等,与私家自行车的出行结构一致[108-109]。

3.3.2　方式链出行特点

公交车和地铁在方式组合出行中是较为重要的两种方式。在轨道交通系统缺乏或建设尚不成熟的城市,常规公交难以较好地满足居民对于长距离出行的需求。快速公交(BRT)以其在地面交通网络的时空优先权而成为介于常规公交和轨道交通之间的一种较为高效的运输方式[110]。快速公交以常规地面公交为基础,出行方式链中常与公交换乘相结合,行程首末段与公共自行车等非机动交通接驳。根据快速公交的不同发展定位,其与轨道交通的组合出行也有不同的发展模式,可作为轨道交通的延伸服务于城市边缘及外围(如美国迈阿密市),也可作为连接轨道交通枢纽站的接运线路。

在轨道交通体系较为完善的城市,地铁在方式链出行中占据主导地位,因为它作为适合长距离出行的公共交通出行方式,不受拥堵路况的影响,具有出行效率高且行程时间可控的特点。以地铁作为方式链的一环,还存在一种及以上的接驳方式。在轨道交通站点附近通过步行可达站点的出行者,会选择以步行方式与地铁接驳。由于地铁的高效,也会吸引距离站点较远的出行者。而由于步行的速度较慢,这部分出行者可能会选择自行车或公交车到达地铁站[111]。另外，与"地铁＋非机动交通方式"作为出行方式链的出行者不同，选择小汽车或公交车与地铁的出行者，则需考虑换乘站点的位置，可能会以换乘步行距离最小且换乘位置设有相应的停车设施或公交站点作为原则，来布置出行链方案。另外，在诸如我国台湾、上海等地铁线网覆盖率较高的地方，地铁与地铁间的换乘方式组合普遍存在。

从出行目的考虑，在众多居民日常出行中，通勤出行是主要的刚性出行。在平均出行距离较长的大城市中，通勤出行可选的出行方式组合方案较多，其多样性决定了方式组合的复杂程度；而由于通勤出行本身的特点又决定了被选的出行方式链具有较高的出行效率。因此，通过较为复杂的方式链进行多次公共交通换乘到达以工作地为目的地的出行占据了较大的出行时空分布比例，出行时长集中于 1～1.5h，常见的方式组合包括步行、常规公交和地铁的组合[112]。

3.3.3 方式链构成

由上述分析可知，方式链的结构复杂，可以有各种各样的组合，但是每种组合被使用的概率却有很大差异。为更好地对方式链构成进行定性分析，以杭州为例进行小样本问卷调查。调查的范围主要为杭州城区，调查对象是居民出行常用的方式链形式，调查时间为2018 年 1 月 15 日～2 月 5 日。调查默认方式链以步行开始、步行结束，因此本部分的分析不强调首尾的步行段与方式链中间方式的连接，只针对非步行部分的方式组合进行分析。从获得的 463 份有效问卷中，对居民的常用出行方式链中的换乘次数、所使用的方式进行统计，得到如下描述性分析。

1. 换乘次数分布

换乘次数是表征方式链复杂程度的一个标志，且很大程度上与出行目的、换乘设施的便捷度、出行距离及城市布局有关。

对问卷数据中居民常用方式链的出行所包含的换乘次数进行统计，结果如表 3-1 所示，方式链组合出行在居民日常出行中大量存在，且换乘次数主要集中在 3 次（含）以内，出行方式链由最多四种方式组合来完成的占到所有出行的 99%。单方式出行占比为 39.09%，说明以单一出行方式作为划分的交通规划预测模型与方法已与现状不符，基于方式链的交通出行预测更加符合大城市居民出行特点。

换乘次数统计 　　　　　　　　　　　　　　　　表 3-1

换乘次数	样本量	比例
直达	181	39.09%

换乘次数	样本量	比例
1 次	211	45.58%
2 次	55	11.88%
3 次	12	2.59%
4 次及以上	4	0.86%

2. 方式链结构

对样本数据中的方式链数据按照换乘次数进行分类比较，得到如表 3-2～表 3-4 所示的结果。

分析直达出行所包含的出行方式分布可以发现，在所有单方式直达的出行中，非机动车出行和小汽车出行这两种方式占所有出行的比例最高，公共交通占比最少，这可能是因为非机动车和小汽车方式具有"门到门"的特点，而公共交通站点的布设难以同时覆盖大多数居民出行的起讫点。

直达出行方式链结构　　　　　　　　　　　表 3-2

换乘次数	方式组成说明	比例	合计
直达	非机动车	37.02%	100%
	公交	17.68%	
	地铁	10.50%	
	小汽车（私家车、出租车等）	34.80%	

包含 1 次换乘的方式链结构　　　　　　　表 3-3

换乘次数	方式组成说明	比例	合计
1 次	非机动车-地铁	27.01%	100%
	非机动车-公交	17.53%	
	非机动车-其他	4.27%	
	地铁-非机动车	3.32%	
	地铁-公交	4.74%	
	地铁-地铁	2.37%	
	地铁-其他	0.95%	
	公交-地铁	13.74%	
	公交-公交	14.69%	
	公交-其他	3.32%	
	小汽车-地铁	4.74%	
	小汽车-其他	3.32%	

在 1 次换乘中，非机动交通方式与公共交通方式的组合占总出行的比例大于 90%，而小汽车参与的"P＋R"换乘模式仅占 4.74%；非机动交通与地铁或公交的方式组合占 1 次换乘各方式组合方案的一半（47.86%），是 1 次换乘方式链的主要形式。

在 2 次换乘的方式链中，两端用非机动车出行来接驳中段的地铁出行占总出行比例的 29.10%，两端用非机动车出行与中段的公交出行进行接驳的比例达 12.73%，而地铁与公交方式间有 1 次换乘、配合首端或尾端的非机动交通方式接驳的方式链占 38.17%，说明非机动车在公交首尾"一公里"的出行中存在较大的需求。小汽车参与的方式链出行比例较少，低于 11%。问卷数据中，3 次换乘及以上的方式链样本数量过少，其占比分布可能不具有代表性，因此在表中不作说明，在 3 次及以上的较为复杂的方式链中，小汽车与公共交通的换乘出现频率高于公共交通间的换乘，这可能与出行距离和出行范围有关。

包含 2 次换乘的方式链结构　　　　　　　　　　　　　　　　　　表 3-4

换乘次数	方式组成说明	比例	合计
2 次	非机动车-地铁-非机动车	29.10%	100%
	非机动车-地铁-公交或地铁	16.36%	
	非机动车-公交-非机动车	12.73%	
	非机动车-公交-公交或地铁	16.36%	
	公交-公交或地铁-公交	9.09%	
	公交-公交或地铁-非机动车	5.45%	
	其他	10.91%	
3 次及以上	公交与地铁间换乘	—	—
	首段或末端小汽车与公交/地铁组合	—	
	两端非机动车、中间公交/地铁	—	

方式链出行的特点与城市交通方式网络结构、居民出行目的等诸多因素有关。在多模式交通系统中，对方式链出行的研究，重点考虑出行方式之间的衔接，为优化出行结构比例、合理配置城市交通的时空资源提供依据。

3.4　多模式复合网络结构框架

在方式链出行的背景下，对于复合交通网络的拓扑应在网络结构上体现出相应的特点。多模式交通结构是方式链集合在交通网络上的分布。这种分布是各种出行方式组合在网络上的叠加，可以看作方式链集合中各方式系统所分担的交通量在网络上的加载。从网络形态上看，城市交通网络主要是以地面道路网络为基础、结合轨道交通线网整合而成的复合网络，各方式层有相似的形态结构和网络节点分布；从功能上看，由于网络系统的方式属性不同，因而各网络层的具体拓扑结构存在差异。

复合网络由各种单方式网络组成，通过方式转换设施，对不同方式网络层建立联系，从而实现了方式链出行。所以，方式链组成是网络结构的直接体现。在前述方式链出行特点分析的基础上，对复合网络的结构框架按照网络层次、节点类型及与方式间的关系进行总结，如图 3-4 所示。

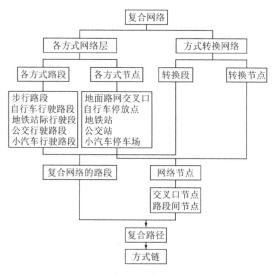

图 3-4　复合网络结构框架

在网络构建过程中，主要需要解决三个问题：①步行网络的拓扑定位及其与其他各出行方式网络的拓扑关系；②地铁、公交等有特定线路限制的方式层的拓扑方法；③考虑上下游方式的转换段网络的设计方法。网络构建不仅要包含完整的方式链信息，还要考虑后续各方式交通流分配中对实现复合路径搜索的辅助。

3.5　复合网络拓扑

为了更直观地分析复合网络的拓扑结构，将二维的路网按不同出行方式进行三维展开。如图 3-5 所示，将图 3-5（a）所示的二维复合网络按不同出行方式进行三维展开，如图 3-5（b）所示，转换成由步行网络、自行车网络、地铁网络、公交网络及小汽车网络组成的多模式复合网络拓扑结构。

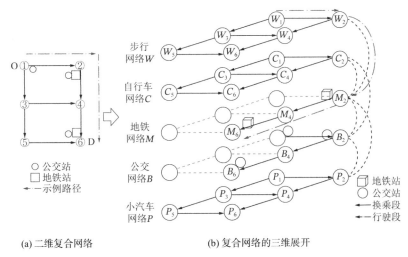

(a) 二维复合网络　　　　　　　(b) 复合网络的三维展开

图 3-5　简单多模式复合网络拓扑结构举例

借鉴超级网络概念及其拓扑方法，令$G(N, A, D)$表示所构建的复合网络，其中N表示网络节点集合，A表示路段集，D表示前述的五种出行方式层，分别用W、C、M、B和P表示步行网络、自行车网络、地铁网络、公交网络和小汽车网络，即$D = (W, C, M, B, P)$。为了较为简单明确地说明网络构成，模型中暂时先不考虑出租车等其他出行方式。

3.5.1　方式网络层构建

在五种不同方式网络层构建中，以步行网络层为基础层。理论上，所有的出行都应是以步行开始、以步行结束，因此，相较于其他对超级网络出行研究中将一次出行的起始段和结束段描述为"上网弧"和"下网弧"[113-115]的处理方法，本研究将出行起讫点（OD）都设置在步行方式层的节点上，这样在后续第 4 章的模型构建时更清晰合理。

步行网络层作为整个复合网络的基础网络，具有最强的连通性和可达性。不考虑高架桥、快速路等对步行封闭的道路系统，城市道路几乎任何路段步行都可以进行双向通行，因而步行网络应是网络覆盖最密集的，包含了机动交通不可达到的支路系统。此外，步行网络包含的节点最全面，不仅包含路段交叉口节点，还包括设置在路段中间的小区、大型公建设施等的出入口节点和方式转换节点，在后续 3.5.3 节会进一步阐述。

自行车与步行同属于慢行交通系统，且我国大多数城市仍保有自行车出行的习惯，因而不少城市的自行车道布设也具有较好的连续性和可达性。与步行类似，自行车的网络覆盖和节点布设也十分密集。

地铁和公交都是以一定的班次频率运行于预先规划好的线网之上的，因此它们的网络结构具有相似点，即都是由不同运行班次线路叠加而成，但在线路独立性上有所不同，公交线网可能有几条线路在重合路段上共用车道，而地铁线路只有公用的站点，每条线路在各轨道路段上都独立运行。如果公交网络没有设置公交专用道，那么在公交线网覆盖的路段，公交车与小汽车共用车道。在这种情况下，虽然方式层的拓扑是分开的，但是重合路段在流量和通行能力的计算上是相互关联的。

小汽车网络的可达性优于地铁和公交，但不及步行和自行车，因为小汽车网络的拓扑还要受到路段允许通行方向的限制，在网络构建中要将单行道路及双向通行道路的特征体现在网络拓扑结构中。

3.5.2 复合网络的路段表达

在复合网络中，相同地理位置的节点由于所属的方式网络不同而被拓扑为两个不同的节点，如图 3-5（a）中节点⑥对应于图 3-5（b）中的W_6、C_6、M_6、B_6和P_6。节点可表示为方式属性和节点编号的组合，如节点d_n表示d方式层上的编号为n的复合网络节点，且$d \in D$，$d_n \in N$。这样，网络各路段可表示为：

$$a_{x_i,y_j} = (x_i, y_j) \in A, \ x,y \in D 且 i,j \in N \tag{3-1}$$

其中，x_i表示上游节点编号，y_j表示下游节点编号，x表示上游节点所在的方式层，y表示下游节点所在的方式层。

这样的编号方式给出的信息为：当$x = y$时，a路段上下游两个节点在同一方式层上，则路段为行驶段；当$x \neq y$且$i = j$时，a路段上下游两个节点在不同方式层上，表示方式转换，这里定义为方式转换段，是一个虚拟路段。如图 3-5（b）中路段(C_2, B_2)为自行车换公交车的方式转换段，而路段(B_2, B_4)则为公交车的行驶段。

相应地，在二维网络上，各路段可表示为：

$$a'_{i,j} = (i,j) \in A, \ i,j \in N \tag{3-2}$$

将三维网络对应到二维复合网络中，可以发现，在各路段中，有些路段如$a'_{2,4}$为全方式可通过路段，即：

$$a'_{2,4} = \{(W_2,W_4),(C_2,C_4),(M_2,M_4),(B_2,B_4),(P_2,P_4)\} \tag{3-3}$$

有些路段则只包含其中几种方式，如路段$a'_{1,3}$包含步行、自行车和小汽车行驶段，但不包括地铁和公交车线路的行驶段（地铁线路可看作大致依托市政道路定线），即：

$$a'_{1,3} = \{(W_1,W_3),(C_1,C_3),(P_1,P_3)\} \tag{3-4}$$

各方式网络的路段是复合网络组成的基本单位，路段表达是为了将网络拓扑和后续的路径选择描述得更清晰。但在实际网络编程计算的过程中，节点编号无法实现既包含表示方式的字母又包含表示顺序的数字，需要将各个节点进行编号，并将不同方式属性赋值给每个节点，以明确各节点所在的方式网络。若给节点附上位置信息（如经纬度），则可以区别位置相同但编号不同的节点。这些处理在本书第 6 章的算例研究中会涉及。

3.5.3 方式转换网络设计

复合网络的方式转换网络主要包括方式的转换段和转换节点。下面分别对两者的拓扑设计作详细阐述。

1. 转换段设计

方式转换系统是复合网络里最为重要的部分，它是实现出行方式转换的关键。早期研究认为对于方式转换的研究不涉及上下游转换方式的属性，而仅仅考虑方式转换的时长[116]；但是随后有学者指出，转换模式对于方式转换有着重要的影响[117-119]。从网络拓扑角度考虑，转换网络的设计重点在于如何整理、归类转换模式的形式，使其在网络中既能较为准确地描述方式转换过程，又能尽量简洁易于标定。

值得注意的是，若考虑所有出行方式之间的方式转换，涉及的方式间转换模式（即上游方式与下游方式不同的组合）繁多。如果只考虑步行、自行车、地铁、公交和小汽车五种方式，仅不同方式间的转换就有 20 种，而涉及同方式间的转换——地铁方式内转换和公交方式内转换的转换模式种类，会依线路条数的增加而增加。在此情况下，方式链出行可能涉及各种转换模式，如用枚举法研究每一种模式，既不高效，也未必准确。

结合实际出行中的换乘行为可以发现，不同方式间的转换都以步行网络为依托，即转换模式"方式 A→方式 B"可以拆分为"方式 A→步行"加上"步行→方式 B"。如图 3-6 所示，公交车换乘地铁，所包含的费用参照式为：

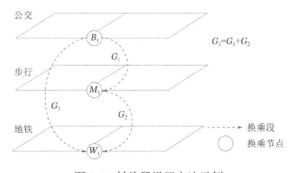

图 3-6　转换段设置方法示例

$$G_{B_1M_1}^{BM} = T_{B_1M_1}^{BM} \cdot \omega + S_{B_1M_1}^{BM} \cdot \eta \tag{3-5}$$

而公交换步行、步行换地铁的费用则为：

$$G_{B_1W_1}^{BW} = T_{B_1W_1}^{BW} \cdot \omega + S_{B_1W_1}^{BW} \cdot \eta \tag{3-6}$$

$$G_{W_1M_1}^{WM} = T_{W_1M_1}^{WM} \cdot \omega + S_{W_1M_1}^{WM} \cdot \eta \tag{3-7}$$

可以发现，在所有方式转换都发生在节点的假设下，公交换步行，不存在时间成本和属性成本，即 $G_{B_1W_1}^{BW} = 0$，$T_{B_1M_1}^{BM}$ 和 $T_{W_1M_1}^{WM}$ 均为转换段中步行到地铁站台的时间，$S_{B_1M_1}^{BM}$ 和 $S_{W_1M_1}^{WM}$ 均为等待地铁的舒适性成本，因此：

$$G_{B_1M_1}^{BM} = G_{B_1W_1}^{BW} + G_{W_1M_1}^{WM} \tag{3-8}$$

不难证明其他方式间的转换也可以如此拆分，这样就可以将复合网络的转换段数量大大减少，以方便分配计算。

对于方式内的转换，各条公交线路之间的换乘也可以类比方式间换乘，拆分成从公交A线路到步行网络、再从步行网络到公交B线路，这样能够避免转换段的重复计算。但是对于地铁方式内的换乘，就不能这么拆分，因为地铁与其他方式的转换涉及出站到步行层，而地铁与地铁间的换乘在站内就可以实现。即：

$$G_{M_1M_1}^{M_XM_Y} \neq G_{M_1W_1}^{M_XW} + G_{W_1M_1}^{WM_Y} \tag{3-9}$$

也就是说地铁A线换乘地铁B线的成本不等于地铁A的出站成本与地铁B的入站成本之和，所以地铁系统的内部换乘需单独设置，且在方式链路径选择中，要对是否是地铁方式内换乘作判断，避免方式内换乘的路径出现上述"先出站后入站"的情况。

2. 转换节点的设计

前文已经提到，步行层是复合网络方式转换节点布置的基础层，转换节点的类型有交叉口节点和路段节点两种（图3-7）。地铁与步行的转换节点一般设置于地面道路的交叉口，转换节点类型属于交叉口节点；小汽车与步行的转换设置于各类停车场入口，而停车场入口在交叉口附近和路段中间都有布设，因而其转换节点会涵盖交叉口节点和路段节点两类；公交车站点一般布设在路段中间，以免由于上下客流增加其他车辆在交叉口的等待时长，也有部分公交站由于其他各种原因而布设于交叉口附近；而自行车和步行的转换理论上可以发生在任何能够停放自行车的路段节点上，但随着公共自行车和共享单车的发展，自行车的停放点一般布置在公交站、小区等出入口附近。

交叉口节点是地面交通网络本身固有的节点，而路段中的节点就需要在拓扑中增设。不论是哪类转换节点，只要能准确地表达路段间的连通关系，就需要添加到网络拓扑中。而新增的节点，在网络的交通分配计算中只是增加拓扑的工作量和模型的计算量，并不会增加计算的复杂程度。

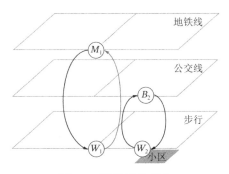

图 3-7　两类转换节点

3.5.4　复合路径的表达

基于上述研究，一次出行所经过的不同方式网络层的路径就可以清晰地表达。以图 3-5 为例，图 3-5（a）为有向线段组成的、涵盖各出行方式的简单复合网络，其中有向线段代表路段的通行方向。假设在网络中，步行、自行车、小汽车可在任一路段通行，其中一条公交线路经过路段集节点①-②-④-⑥，并在复合节点①、②、⑥处设有公交车站，一条地铁线路经过路段集节点②-④-⑥并在节点②、⑥处设有地铁站。若节点①为起点（O），节点⑥为终点（D），则 OD 间存在多种出行方式组合。

在考虑出行方式的复合网络中，OD 间的一条方式链即为出行路径。为了方便表达，后文中提到方式链即用 MMC（Multi-modal Combination）表示。如图 3-5（a）中所示的示例路径，从节点①步行至节点②，换乘地铁由节点②经过节点④，最终到达节点⑥，用步行换乘地铁的方式链完成一次出行。这样从节点①步行至节点②，换乘地铁由节点②经过节点④最终到达节点⑥的出行路径可以表示为 $\boldsymbol{MMC} = \{(W_1, W_2), (W_2, M_2), (M_2, M_4), (M_4, M_6)\}$。

复合网络的构建可以更清晰地描述 OD 间的出行方式组合，为后续交通结构演化建模提供基础。

3.6　本章小结

本章的研究重点主要分为两个部分：

第一部分是多模式交通出行背景下的复合网络的定义及特点，基于复合网络的"方式链"定义并分析了方式链出行的特点及其构成。在此基础上，通过明确网络主要构成要素及各要素之间的因果关系，分析了方式链出行成本与方式链出行选择、路网交通量与方式链出行成本、政策调控变量与方式链出行成本三组非线性关系变量的研究思路，确定了多模式交通复合网络的结构框架，提出了网络拓扑中的三个重要问题，并在后续的网络拓扑中逐一解决。

第二部分是对复合网络的拓扑。首先，通过分析各方式层的异同点构建了不同模式网络层，并阐述了路段在网络模型中的表达方法；其次，通过阐述对转换段和转换节点的拓扑设计思路，给出了基于步行方式层的转换网络拓扑方法，大大减少了网络转换段的数量，优化了后续研究中对不同上下游转换方式的转换成本计算方法，降低了多模式网络交通流演化模型的计算复杂度；最后，给出了复合路径的表达方法，完成了整个复合网络的拓扑工作。

4

复合网络交通分配

交通需求进入路网，通过出行方式链选择形成方式链交通需求，从而生成各种不同方式的需求。各种方式的交通需求和对应的交通供给相互作用，逐渐演化并趋于平衡，形成最终的交通运行状态，这就是交通结构的演化过程。要分析这一过程，需要回答一个关键问题：如何确定各种出行方式在不同交通状态下的出行成本？

本章首先给出了各方式路段费用函数及方式链出行成本，然后基于复合网络给出复合路径的选取方法，最后给出复合网络的交通分配方法。

4.1 路段费用函数与方式链出行成本

对交通结构的演化过程研究，关键点之一在于定量分析方式链出行成本的构成。通常情况下，出行者在 OD 间的出行方式组合方案是出行前就已经设想好的，并在随后的出行中付诸实践。

通过前文的研究可知，出行成本是基于方式链得到的。方式链的总成本是由链中每一路段的出行成本之和构成的，包括行驶段的出行成本和方式转换段的转换成本。具体成本构成如图 4-1 所示。

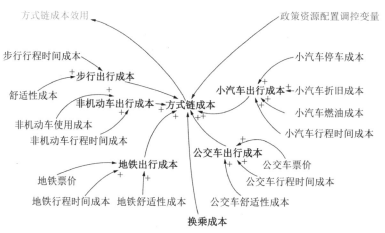

图 4-1　方式链出行成本构成

4.1.1 行驶段出行成本

复合网络各方式层的行驶段出行成本由不同的广义出行费用组成。行驶段的广义出行费用主要考虑出行时间成本、直接的货币支出（购票费、停车费、自行车租赁费等）以及舒适性成本。

1. 步行"行驶段"成本

步行是一种没有货币支出的出行方式，其主要的出行费用表现为出行时间成本和舒适性成本等。由于人行走的步速较为平均，因此，可将路段行程时间看作恒定的步行自由流时间；而步行是一种适用于短途出行的方式，相较于其他方式，步行时间越长越耗费体力，因此在舒适性上会给予更多的惩罚，这点将在系数值大小的确定上有所体现。综合以上几点因素的考虑，步行路段出行成本的描述如下：

$$T_a^W = t_a^{W0} \tag{4-1}$$

$$P_a^W = 0 \tag{4-2}$$

$$S_a^W = T_a^W \cdot \chi^W \tag{4-3}$$

$$G_a^W = T_a^W \cdot \omega + P_a^W + S_a^W \cdot \eta \tag{4-4}$$

其中，T_a^W 为步行时间；t_a^{W0} 为步行自由流通行时间；P_a^W 为步行的货币支出；S_a^W 为步行的舒适性；χ^W 为步行舒适性损耗系数；ω 为时间-成本折算系数；η 为舒适性-成本折算系数；G_a^W 为路段步行出行成本。

2. 自行车行驶段成本

自行车在路段上的行驶时间受到路段流量和通行能力的影响，可以用 BPR 函数进行描述。在货币支出方面，在不考虑自行车折旧维修等因素的情况下，私家自行车出行几乎没有货币支出。但随着公共自行车、共享单车等租赁类自行车的普及，自行车的出行成本包含了租赁费用，一旦使用即开始收费，因此，在建模中将其计入该方式使用的首段行驶段的出行成本中。类比步行，自行车骑行适合中短途出行，对于体力的要求较其他机动交通出行方式更高，因此，在舒适性上也给予类似步行的惩罚函数形式。自行车行驶段的出行成本表示如下：

$$T_a^C = t_a^{C0}\left[1 + \alpha_C\left(\frac{\upsilon_a^C}{C_a^C}\right)^{\beta_C}\right] \tag{4-5}$$

$$P_a^C = p^C \cdot \vartheta_C \tag{4-6}$$

$$S_a^C = T_a^C \cdot \chi^C \tag{4-7}$$

$$G_a^C = T_a^C \cdot \omega + P_a^C + S_a^C \cdot \eta \tag{4-8}$$

其中，T_a^C 为自行车路段的骑行时间；t_a^{C0} 为路段自行车在自由流状态下的骑行时长；υ_a^C 为路段出行需求（人次/h）；P_a^C 为自行车出行的货币支出；p^C 为自行车租赁费用；ϑ_C 为自行车方式的货币支付系数，在使用公共自行车出行的情况下，若该路段为自行车方式路段集的首段，则取值为 1，若不是首段，则取值为 0；若使用私家自行车出行，则系数取值为 0，即视为没有货币支出的成本；S_a^C 为自行车骑行的舒适性；χ^C 为骑行舒适性损耗系数；G_a^C 为路段自行车出行成本。

3. 地铁行驶段成本

地铁是一种出行时间可控的机动交通出行方式，因此，其出行时间可看作仅与出行距离长短相关，一旦距离确定，则出行时间也可确定。乘坐地铁的货币支出为购票费用，与出行距离成正比；该方式较适合中长途出行，因此，其舒适性与距离的关系在模型中可视为线性关系，表达如下：

$$T_a^M = t_a^{M0} \tag{4-9}$$

$$P_a^M = p^M \cdot \vartheta_M + L_a^M \cdot p^{M0} \tag{4-10}$$

$$S_a^M = T_a^M \cdot \chi^M \tag{4-11}$$

$$G_a^M = T_a^M \cdot \omega + P_a^M + S_a^M \cdot \eta \tag{4-12}$$

其中，T_a^M 和 t_a^{M0} 为地铁路段的行程时间；P_a^M 为地铁出行的货币支出；p^M 为地铁起步计价费用；p^{M0} 为每公里增加的票价；L_a^M 为地铁的行驶公里数；ϑ_M 为地铁的货币支付系数，若该路段为地铁方式路段集的首段，则取值为 1，若不是首段则取 0；S_a^M 为地铁乘坐的舒适性；χ^M 为地铁舒适性损耗系数；G_a^M 为地铁路段出行成本。

4. 公交行驶段成本

公交车出行作为地面机动交通出行方式之一，在与小汽车混行的情况下，路段行程时间受路段流量和通行能力的影响，可采用 BPR 函数描述行程时间：

$$T_a^B = t_a^{B0} \left[1 + \alpha_B \left(\frac{v_a^B}{ELF_B C_a^B} \right)^{\beta_B} \right] \tag{4-13}$$

但在有公交专用道的情况下，公交出行时间可类比地铁：

$$T_a^B = t_a^{B0} \tag{4-14}$$

货币支出和舒适性类比地铁方式，票价成本计入公交出行方式路段集的首段。其成本描述如下：

$$P_a^B = p^B \cdot \vartheta_B \tag{4-15}$$

$$S_a^B = T_a^B \cdot \chi^B \tag{4-16}$$

$$G_a^B = T_a^B \cdot \omega + P_a^B + S_a^B \cdot \eta \tag{4-17}$$

其中，T_a^B 为公交车路段行程时间；t_a^{B0} 为路段自由流状态下的行程时间；v_a^B 为路段出行需求（人次/h）；ELF_B 为公交平均载客率（人次/辆）；P_a^B 为公交出行的货币支出；p^B 为购票费用；ϑ_B 为公交的货币支付系数，若该路段为公交方式路段集的首段，则取值为 1，若不是首段则取 0；S_a^B 为公交的舒适性；χ^B 为公交舒适性损耗系数；G_a^B 为公交路段出行成本。

5. 小汽车行驶段成本

对小汽车方式层来说，对出行时间成本、舒适性成本的描述可类比自行车，但不同的是，小汽车出行的货币支出包括燃油费和停车费等。燃油费的开支与其行程距离成正比，而停车费则计在小汽车方式路段集的末段。小汽车路段出行成本为：

$$T_a^P = t_a^{P0}\left[1 + \alpha_P\left(\frac{\upsilon_a^P}{ELF_P C_a^P}\right)^{\beta_P}\right] \tag{4-18}$$

$$P_a^P = L_a^P \cdot FCF + p^{p'} \cdot \vartheta_P \tag{4-19}$$

$$S_a^P = T_a^P \cdot \chi^P \tag{4-20}$$

$$G_a^P = T_a^P \cdot \omega + P_a^P + S_a^P \cdot \eta \tag{4-21}$$

其中，T_a^P 为小汽车路段行程时间；t_a^{P0} 为路段自由流状态下行程时间；υ_a^P 为路段出行需求（人次/h）；ELF_P 为小汽车平均载客率（人次/pcu）；P_a^P 为公交出行的货币支出；$p^{p'}$ 为停车费用；L_a^P 为路段长度；FCF 为每公里燃油消耗；ϑ_P 为小汽车的货币支付系数，若该路段为小汽车方式路段集的末段，则取值为 1，若不是末段则取 0；S_a^P 为小汽车方式的舒适性；χ^P 为相应舒适性损耗系数；G_a^P 为小汽车路段出行成本。

4.1.2 转换段出行成本

不同出行方式间的转换成本可看作由转换时间和舒适性成本构成，不存在货币支出。转换时间包括转换步行时间和等待时间两部分，这里的步行是指在转换段上的步行，如将自行车停好后进入地铁站台的步行时间等。舒适性成本随等待及步行时间的增加而增加，且与等待环境相关，比如冬天在室内等候可能会比在室外等候更舒适一些。因此转换成本可描述为：

$$T_a^{xy} = t_a^{xy0} + t_a^{xy'} \tag{4-22}$$

$$S_a^{xy} = T_a^{xy} \cdot \chi^{xy} \tag{4-23}$$

$$G_a^{xy} = T_a^{xy} \cdot \omega + S_a^{xy} \cdot \eta \tag{4-24}$$

其中，x、y 分别为上游方式和下游方式；T_a^{xy} 为不同出行方式的转换时间，包括转换步行时间 t_a^{xy0} 和转换等待时间 $t_a^{xy'}$；S_a^{xy} 为转换舒适性；χ^{xy} 为转换舒适性系数；G_a^{xy} 为转换段出行成本。基于 3.5.3 节的拓扑设计，这里的转换组合形式共有 8 种，即"方式X-步行"或"步行-方式Y"，其中方式X和方式Y均为除步行以外的 4 种方式之一。

4.1.3　方式链出行成本

在复合网络中，假设所有的需求发生和吸引都在网络节点上产生，那么从 O 点到 D 点某条路径的广义费用，为该路径经过的所有行驶段的费用与转换段的转换费用之和，可表示为：

$$C_k^{rs} = \sum_{a \in k} G_a(T_a) \tag{4-25}$$

其中，r、s 分别为 O 点和 D 点的标号；k 为某条路径；a 为路径 k 所经过的任一行驶路段或转换路段。

综上所述，各行驶段的出行成本既包含与路段行程时间相关的费用，又包括与路段行程时间无关的费用。为了使分配模型在编程时更加清晰简洁，笔者对方式链路径成本重新整理，将路径行驶段上的货币成本归属到转换成本中，这样各行驶段的成本就转化为只与行驶时间相关的函数。除步行以外的行驶段都有货币支出，其中自行车租赁费、公交购票成本和地铁购票成本包含在首段行驶段的货币支出，因此，算在上游的转换成本中；小汽车停车费算在下游的转换成本中。

4.2　复合路径选取

在实际出行中，虽然每个 OD 之间有多种路径可选，但人们在制定出行方案时总是希望找到最短路径（或出行成本最小的路径），Wardrop 第一原理[120]对此给出了很好的解释。在复合网络多模式出行背景下，出行者会选择广义费用最小的方式链。

Wardrop 提出的用户平衡是对出行者路径选择的刻画。包括三个前提假设：①所有出行者都试图选择最短路径到达目的地；②所有出行者都根据同一标准判断路径长短；③所有出行者都可以得到当前交通状态下可供选择路径的全部信息。

在基于出行成本负效用的多模式交通分配过程中，路径选择过程需要同时考虑方式链的选择及流量的分配，因此，复合路径的选取要结合成本权重矩阵的迭代计算考虑。

4.2.1　最小成本权重矩阵

对于最短路径的选择，要根据任意两节点间的最小出行成本来确定。对最小成本权重矩阵的计算，一般采用的方法包括 Dijkstra 法、矩阵迭代法等。本研究选用矩阵迭代法，因为复合网络是较为复杂的网络，用矩阵迭代法计算最小权重矩阵相较于 Dijkstra 法更为高效[121]。

在 4.1.1 和 4.1.2 节部分，已经给出了复合网络各行驶段和转换段的广义出行成本，这是计算各节点间最小出行成本权重矩阵的基础。在复合网络场景下，成本矩阵不仅包括本方式层各节点间的出行成本，也包括不同方式层间的转换成本。由于文本空间限制，仅以图 3-5 所示的自行车和地铁两个方式层为例，如图 4-2 所示。

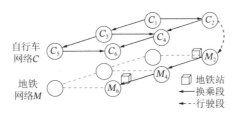

图 4-2　包含自行车和地铁的复合网络示例

矩阵迭代法有两个步骤：

第一步是构造复合网络出行成本矩阵。如表 4-1 所示，有背景色的子矩阵分别是自行车和地铁的行驶段成本矩阵，无背景色的矩阵为转换成本矩阵。这是一个初始矩阵，代表各节点经过一个路段到达其他节点的出行成本，即路段阻抗。

复合网络出行成本矩阵示例　　　　　　　　　　　　　　　　　　表 4-1

i/j	C_1	C_2	C_3	C_4	C_5	C_6	M_1	M_2	M_3	M_4	M_5	M_6
C_1	0	G_{C_1,C_2}	G_{C_1,C_3}	∞	∞	∞	∞	∞	∞	∞	∞	∞
C_2	∞	0	∞	G_{C_2,C_4}	∞	∞	∞	G_{C_2,M_2}	∞	∞	∞	∞
C_3	∞	∞	0	G_{C_3,C_4}	G_{C_3,C_5}	∞	∞	∞	∞	∞	∞	∞
C_4	∞	∞	∞	0	∞	G_{C_4,C_6}	∞	∞	∞	∞	∞	∞
C_5	∞	∞	∞	∞	0	G_{C_5,C_6}	∞	∞	∞	∞	∞	∞
C_6	∞	∞	∞	∞	∞	0	∞	∞	∞	∞	∞	∞
M_1	∞	∞	∞	∞	∞	∞	0	∞	∞	∞	∞	∞
M_2	∞	∞	∞	∞	∞	∞	∞	0	∞	G_{M_2,M_4}	∞	∞
M_3	∞	∞	∞	∞	∞	∞	∞	∞	0	∞	∞	∞
M_4	∞	∞	∞	∞	∞	∞	∞	∞	∞	0	∞	G_{M_4,M_6}
M_5	∞	∞	∞	∞	∞	∞	∞	∞	∞	∞	0	∞
M_6	∞	∞	∞	∞	∞	∞	∞	∞	∞	∞	∞	0

第二步是对初始矩阵进行迭代运算。对初始矩阵进行第一次迭代，可得到从某一节点经过两个路段到达另一节点的成本矩阵：

$$D^2 = D * D = [d_{ij}^2] = \min[d_{ik} + d_{kj}] \quad (k \in N) \tag{4-26}$$

其中，k 为节点数；*为矩阵逻辑运算符号；d_{ik} 和 d_{kj} 为矩阵中的相应成本；N 为网络节点号。以 $d_{C_1C_4}^2$ 为例将初始矩阵代入即可得到：

$$[d_{C_1C_4}^2] = \min[d_{C_1C_2} + d_{C_2C_4}, d_{C_1C_3} + d_{C_3C_4}] \tag{4-27}$$

同理可知,第二次迭代是在第一次的基础上进行,依次类推,直到第 $m-1$ 次迭代,可得:

$$D^m = D * D = [d_{ij}^m] = \min[d_{ij}^m + d_{kj}] \quad (k \in N) \tag{4-28}$$

迭代不断进行,直到出现 $D^m = D^{m-1}$ 时,迭代停止,得到任意两节点间的最小出行成本,矩阵迭代完成。

4.2.2 最短路径集选择

由于出行者对路径出行成本的估计存在差异,因此,最短路径可能存在不唯一性。这里需要将最短路径的出行成本适当扩展,引入扩展系数 μ,使路径出行成本满足下式条件,即视为被选的最短路径。设感知阻抗为 C_k^{rs},$C_{k,\min}^{rs}$ 为实际最小阻抗:

$$C_k^{rs} \leqslant \mu C_{k,\min}^{rs} \quad (\mu \geqslant 1) \tag{4-29}$$

则满足上式的所有路径构成有效的最短路径集合。

路径搜索方法采用 K 最短路算法。本研究借鉴文献[122]的方法,基于无向图,利用动态规划思想,先计算出各个点到源的距离,利用这些数据中包含的信息,从目的地反向推导。考虑各个路径对最短路径长度的增加量,依次给出所找的 k 个路径。

设网络拓扑如图 4-3 所示,包括节点 n 和路段 a 两部分,边的长度是路段的权重,用路段出行成本表示,记为 $c(k)$,且是非负的。设 r、s 为出行的起讫点,$d(r,s)$ 是起讫点间的最短路径长度,用顶点序列表示并记为 k_0。则长度增量 $\Delta(k)$ 即表示为:

$$\Delta(k) = c(k) - c(k_0) \tag{4-30}$$

其中,k 是从目的地回溯到原点的路径,包括从目的地 s 回溯到点 n_i 的 $\{s, \cdots, n_i\}$ 和从 n_i 到起点 t 的 $\{n_i, \cdots, t\}$ 两部分,其中 $\{s, \cdots, n_i\}$ 的增加长度是比较的主体部分,$\{n_i, \cdots, t\}$ 和最短路径中的相对应部分是一样的。

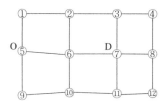

图 4-3　网络拓扑图

网络中任何一点到起点 r 的距离都已通过矩阵迭代法计算获得,关键是回溯过程中对路径分叉的处理。如图 4-3 所示,假设⑤号顶点是起点,⑦号顶点是终点,则从⑦向⑤回溯,就会涉及到底是向⑦周围的③、⑥、⑧、⑪四个相邻顶点中的哪个顶点回溯的问题。设点

n_j 是点 n_i 的相邻点，则可归纳为三种具体的情况：

1）当 $d(r, n_i) = d(r, n_j) + l(a_{ij})$ 时（如 $n_i = 7$，$n_j = 6$ 时）：

$$\Delta(n_j) = \Delta(n_i) \tag{4-31}$$

2）当 $d(r, n_i) < d(r, n_j) + l(a_{ij})$ 时（如 $n_i = 7$，$n_j = 3$ 或 11 时）：

$$\Delta(n_j) = \Delta(n_i) + d(r, n_j) + l(a_{ij}) - d(r, n_i) \tag{4-32}$$

3）当 $d(r, n_j) = d(r, n_i) + l(a_{ij})$ 时（如 $n_i = 7$，$n_j = 8$ 时）：

$$\Delta(n_j) = \Delta(n_i) + 2l(a_{ij}) \tag{4-33}$$

可以发现，不可能存在 $d(r, n_i) > d(r, n_j) + l(a_{ij})$ 的情况，因为它与 $d(r, n_i)$ 是最短距离的定义相矛盾。然后，分别计算某一节点的相邻各节点的路径增加长度，并进行排序。

在计算 k 最短路径时，先计算每一节点到起点的最短距离，然后根据这些最短距离，从终点回溯到起点，整个回溯过程得到树形结构 k 最短路径，根为终点、叶子为起点，且叶子的长度增量即路径长度增量。

已经计算得到最短路径，在此基础上，可以从终点 s 回溯，构造一个递增有序序列 os 来记录回溯的中间数据，包括点、该点的路径长度增量、回溯路径当前节点的前一节点在树结构中的位置，并以长度增量作为升序排序的依据。每次取出点的时候将它输出并插入树中对应的位置，并计算相邻节点的长度增量 $\Delta(n_i)$，具体步骤如下：

步骤 1：初始化空集 os，将终点 s 放入序列中；

步骤 2：从 os 中取出最短长度增量最小的点作为第一个点 n_i，根据它前一节点在输出树中的位置加入树中，成为前一节点的子节点；如果没有前一节点就作为树的根节点；

步骤 3：根据式 (4-31)~式 (4-33) 计算 n_j 所有相邻点的长度增量；

步骤 4：将这些点、长度增量和前一节点 n_i 在树中的位置加入 os 中，根据长度增量保持序列升序；

步骤 5：重复步骤 2~4，直到输出起点 r。

最短路径集合的求取是复合网络交通流分配的基础，在分配迭代过程中需要不断更新计算。

4.3 复合网络平衡问题及交通分配

网络平衡实质上是一个交通分配的问题。复合网络的交通分配就是把各种出行方式的 **OD** 矩阵按照一定的准则（即出行特点和规律）分配到网络中的各条路径上去，从而得到各种方式路段的交通量，而交通阻抗即是这一分配准则的依据。对于出行者来说，交通阻抗即出行成本。

4.3.1 多模式随机用户平衡（MSUE）

虽然出行者总是力求选择一条阻抗最小的路径来完成出行，但是实际上他们对于阻抗大小的估计存在差异，这就导致出行者对路径的选择可能不同，即出行者的感知阻抗与网络的实际阻抗之间存在差别，且这个差别是一个随机变量。因此，用"随机用户平衡（SUE）"来描述出行者的出行决策较为合理，而在平衡点处，每个出行者都认为依靠他们单方面改变路径的选择不会减少出行阻抗。在拥堵情况下，随机用户平衡非常接近用户平衡（UE），UE 是 SUE 的特殊情况[61]。在多模式交通网络平衡（MSUE）分配中，出行阻抗包含了方式信息，平衡过程更加复杂。

在复合网络中，除了步行、地铁和有公交专用道的公交车三种方式以外，自行车、小汽车的出行阻抗不是固定的，会随着路网流量的变化而变化。这就意味着在多模式出行中，每条涉及这两种出行方式的方式链出行成本都会改变，其演化逻辑如图 4-4 所示，即路段流量决定路段的阻抗，而复合路径的阻抗由路径所经过的各路段阻抗组成；出行者对路径阻抗进行估计得到复合路径感知阻抗，并以之为依据，对复合路径进行选择；路径的被选概率又决定了路段流量的分布情况。

复合路径选择

路段流量

复合路径感知阻抗

路段广义费用/阻抗

复合路径广义费用/阻抗

图 4-4　平衡演化机理因果关系图

假设在 OD 给定的情况下，出行者对路径的感知阻抗为C_k^{rs}，出行者选择路径k的原因是因为他们认为该路径的阻抗最小，即感知阻抗最小，这是一个条件概率函数，即：

$$P_k^{rs} = Pr\left[C_k^{rs}(g_a) \leqslant \mu C_{k,\min}^{rs}(G_a)\right], \ \forall l \neq k; \ \forall k, r, s \tag{4-34}$$

路段实际阻抗是路段出行成本的函数，因此路径实际阻抗也是路段出行成本的函数，且路径实际阻抗应为路径感知阻抗的期望：

$$Ga = E(g_a) \tag{4-35}$$

在 4.1 节中，路径实际阻抗的定义为路径经过每一个路段的成本之和，观察行驶段和转换段的函数可以发现，它们都是路段行程时间 T_a 的函数，而路段行程时间又是流量的函数。

在 MSUE 的平衡状态下，应满足以下约束条件：

$$f_k^{rs} = q_{rs} P_k^{rs} \tag{4-36}$$

$$\sum_k f_k^{rs} = q_{rs} \tag{4-37}$$

$$\upsilon_a = \sum_{r,s} \sum_{k \in H} f_k^{rs} \delta_{ka}^{rs}, \ \forall a \in A \tag{4-38}$$

$$f_k^{rs} \geqslant 0, \ \forall k \in H^{rs} \tag{4-39}$$

其中，P_k^{rs} 为起讫点 r、s 间路径 k 被选中的概率；q_{rs} 为 r 和 s 间的出行需求；f_k^{rs} 为路径 k 上分到的流量。

4.3.2 基于 C-Logit 分配的 MSUE 模型

对于多路径分配方法，通常有 Logit 模型和 Probit 模型两种方法。虽然 Logit 模型能较为便捷地计算出不同出行方案的备选概率，但是它不能反映网络的拓扑结构，因为它不考虑路径之间的关联程度，对于有重叠的路径会出现过度加载的情况。这与 Logit 模型对随机误差的假设有关，它假设随机误差相互独立，而路径重合度越高，随机项的相关性越大，与假设相矛盾，这样 Logit 模型存在的缺陷，即模型的 IIA（Independent of Irrelevant Alternative）特性。而 Probit 模型在这方面就优于 Logit 模型，因为它假设随机误差相关。但是由于其计算量过大，不适用于较大的网络。

多模式复合网络兼具网络复杂、路径重合度高两个特点，Logit 模型和 Probit 模型均有一定的缺陷。为了寻求一个相对高效且简洁的网络平衡描述模型，选用 C-Logit SUE 模型[123] 来表示复合网络的平衡演化原则。C-Logit 模型在 Logit 模型的基础上，引入表征路径重合度的因子（Commonality Factor，CF）用以修正出行效用函数，表达式为：

$$P_k^{rs}(C^{rs}) = \frac{\exp[-\theta(C_h^{rs} + CF_k^{rs})]}{\sum\limits_{l \in H^{rs}} \exp[-\theta(C_l^{rs} + CF_l^{rs})]} \tag{4-40}$$

其中，CF_k^{rs} 为 OD 对 r、s 间路径 k 的重合系数。它通过降低含有重合路段的路径效用来缓解分配模型的 IIA 特性对结果的影响，使 MSUE 对网络的描述更贴近真实演化情形。CF 有多种表达方式，本研究采用如下形式：

$$CF_k^{rs} = \beta \ln \sum_{l \in H^{rs}} \left(\frac{L_{lk}}{\sqrt{L_k}\sqrt{L_l}} \right)^{\gamma} \tag{4-41}$$

其中，L_{lk}是路径k和路径l重合段的长度；L_k和L_l分别是路径k和l的总长度；β、γ为参数（这里设为1）。

构建 C-Logit MSUE 模型的等价数学规划模型，将其转化为非线性规划的无约束求极小值问题：

$$\min_{f} Z(f) = \sum_{a \in A} \int_0^{v_a} g_a(\omega) \mathrm{d}\omega + \frac{1}{\theta} \sum_{r,s} \sum_{k \in H} f_k^{rs} \ln f_k^{rs} + \sum_{r,s} \sum_{k \in H} f_k^{rs} CF_k^{rs} \tag{4-42}$$

其中，$g_a(v_a)$是路段a上的出行成本。结合式(4-37)～式(4-39)不难发现，$Z(f)$是f_k^{rs}的严格凸函数，其约束条件是线性的，因此方程具有唯一解。该式的一阶 KKT（Karush-Kuhn-Tucker）条件即为最小值的充要条件。

定理 1　上述基于 C-Logit 分配的 MSUE 数学规划模型与 MSUE 约束条件式(4-36)等价。

证明：式(4-42)的一阶 KKT 条件为：

$$f_k^{rs}\left[C_k^{rs} + \frac{1}{\theta}(1 + \ln f_k^{rs}) + CF_k^{rs} - \pi^{rs} \right] = 0 \tag{4-43}$$

$$\sum_{h \in H^{rs}} f_k^{rs} - q^{rs} = 0 \tag{4-44}$$

$$C_k^{rs} + \frac{1}{\theta}(1 + \ln f_k^{rs}) + CF_k^{rs} - \pi^{rs} \geqslant 0 \tag{4-45}$$

$$f_k^{rs} \geqslant 0 \tag{4-46}$$

式(4-43)中π^{rs}为式(4-44)的对偶变量。由于任意被选中的路径k均有流量分布，因此，$f_k^{rs} > 0$，则：

$$C_k^{rs} + \frac{1}{\theta}(1 + \ln f_k^{rs}) + CF_k^{rs} - \pi^{rs} = 0 \tag{4-47}$$

等式可变换为：

$$f_k^{rs} = \exp(\theta \pi^{rs} - 1) \cdot \exp(-\theta C_k^{rs} - \theta CF_k^{rs}) \tag{4-48}$$

由式(4-44)和式(4-48)可得：

$$P_k^{rs} = \frac{f_k^{rs}}{q^{rs}} = \frac{\exp[-\theta(C_k^{rs} + CF_k^{rs})]}{\sum_{l \in H^{rs}} \exp[-\theta(C_l^{rs} + CF_l^{rs})]} \tag{4-49}$$

由上式可知，定理 1 得证。

由此可知，在出行成本为行程时间的严格凸函数的情况下，复合网络交通流平衡问题存在唯一解。

4.3.3 求解算法

MSA 算法由于过程简单、易于编程，且能保证良好的收敛性而被广泛应用。它既可以求解路段的 Logit 的 SUE 模型，也可以求解基于路径的 Logit SUE 模型。本研究采用 MSA 算法求解复合网络的 SUE 平衡，并将分配原则拓展为 C-Logit 模型。基于路径的 MSA 算法在求解之前，需要先确定合理的路径集合，这一步在前文中已经完成。具体的步骤如下：

步骤1：初始化，令各路段初始流量 $x_a^{(0)} = 0$，迭代次数 $n = 0$；

步骤2：根据出行成本计算公式计算各行驶段和转换段的费用 $g_a^{(n)}$；采用矩阵迭代法计算出 OD 之间最短路径 l 及相应的出行成本 C_l^{rs}；

步骤3：根据 K 最短路算法原则搜索出 OD 间所有路径，并用最短路径集合判断条件，详见式(4-29)，得到最短路径集合；

步骤4：计算出各路径的出行成本，用 C-Logit 模型对最短路径集合进行流量加载，得到辅助路段流量 $y_a^{(0)}$；

步骤5：用 MSA 算法计算各路段交通量：

$$x_a^{(n+1)} = x_a^{(n)} + \frac{1}{n}(y_a^{(n)} - x_a^{(n)}) \tag{4-50}$$

得到第 $n+1$ 步的路段流量 $x_a^{(n+1)}$；

步骤6：收敛判别。判断 $\max\left|\frac{x_a^{(n+1)} - x_a^{(n)}}{x_a^{(n)}}\right| \leqslant \varepsilon$ 是否满足；若满足，则计算结束，输出结果；若不满足，则令 $n = n+1$，并转入步骤3。

通过算法迭代得到的平衡解，即可得出平衡状态下各路段的交通流量分布，则相应的路网状态指标均可求得。

4.4 本章小结

本章的研究构建了多模式网络各方式行驶段和转换段的出行成本，并对不同转换模式进行梳理，将转换段拆分为"步行-方式Y"或"方式X-步行"的结构，并以简化分配模型进行计算。用矩阵迭代法计算最小成本矩阵，求取最短路径，并以此为基础用 K 最短路算法求得最短路径集合。基于出行效用模型和多模式随机用户平衡（MSUE）的 C-Logit 分配模型描述复合网络多模式交通结构的演化机理，并给出求解算法。

5

多模式交通结构的系统动力学
调控方法

各方式交通需求和对应的交通供给相互作用，经交通调控手段（如交通组织、交通控制等）的影响，形成新的交通运行状态。向期望的交通状态调整可以通过资源配置以及交通政策引导来实现。实现逻辑为：资源配置和交通政策改变各种出行方式的出行成本，出行成本的变动导致出行方式结构的重构，最终达到控制交通需求、改善交通状态的目的。交通政策包括交通投资政策、小汽车交通管理政策、公交优先、出租车管理政策等，由于交通供给的多样性、出行方式的多样性以及城市路网结构的复杂性，使得各种交通供给（交通资源）配置变得十分复杂。

在大城市交通资源极为有限的情况下，如何加强政策引导，使得交通结构配置更为合理，需要回答以下两个关键理论问题：①如何获得给定资源配置方案下交通状态演化规律；②如何通过政策引导来合理调整交通需求结构，使交通状态趋好。

Abbas和Bell提出系统动力学方法对于交通系统的研究有12项优于传统交通建模的优势，尤其是对于政策的分析及对管理决策的支持[124]。从本质上讲，交通系统的复杂性在于它常涉及多个不同利益群体间的互动联系，导致每种类型的系统用户所作出的响应之间有不同时间的滞后反馈。系统动力学模型为交通规划提供了一个较为完整的系统分析方法，通过系统视角向决策者展示这些反馈作用和滞后响应的重要性，从而有助于决策者从底层理解整个系统的运作规律。

本章在第3章的复合网络构建、第4章的复合网络交通分配的研究基础上，明确了多模式交通系统的边界、要素，然后借鉴系统动力学思想提出控制目标及研究步骤，给出系统方程及系统延迟性质，随后根据交通结构特点制定评价指标，最后在选取政策变量的基础上，制定了结构控制策略。

5.1 多模式交通系统的边界与要素

交通系统仅仅是城市系统乃至更大系统中的一部分，而其自身也是由多个子系统、系统要素和要素间的相互关系构成的。作为研究基础，首先要确定系统边界，并在众多影响系统的因素中，筛选、确定系统演化的要素，以满足后续的研究需要。

5.1.1　系统的边界

　　城市交通结构的演化过程与交通需求、交通供给、交通运行状态有着互动关系，还受到社会、经济、人口、土地利用等外部背景因素的影响。从交通结构控制出发，对系统边界内的组成结构进行抽象选取，使其服务于系统目标——在揭示多模式交通结构演化机制的基础上，建立交通结构控制模型。在此系统目标下，对系统研究边界的划分从两个层面考虑：一方面，是对系统内部组成和外部组成的区分；另一方面，是对研究区域地理边界的界定。

　　从系统组成来看，需选取包含交通结构演化相关的成分和交通结构调控相关成分，图 5-1 是多模式交通系统各层次结构。考虑交通结构演化是描述交通供需关系动态平衡的过程，与之相关的供给构成主要为多模式交通基础设施，包括由各方式网络及方式间转换网络构成的多模式复合网络；表征需求结构的成分主要包括交通系统用户（即出行者）、各类交通方式及方式间转换。交通结构调控过程是在系统供需演化的基础之上，将对演化起重要调控作用的各种交通政策纳入系统，构成相应的政策体系。

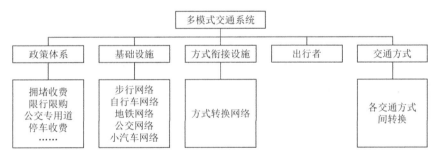

图 5-1　多模式交通系统各层次结构

　　对于研究区域的选取和界定，主要考虑将城市核心区域的多模式交通结构作为研究对象。事实上，多模式交通出行不仅常见于大城市市区的交通出行中，在长距离、跨区域的交通出行中亦十分普遍。但由于大规模多模式交通网络过于复杂，且本研究要解决的问题是发生于城市核心区域的拥堵问题，因此将系统的研究区域边界界定为城市核心区域。

5.1.2　系统要素的选取

　　结合系统边界的分析与界定，对多模式交通结构进行梳理，将城市交通系统划分为由出行成本子系统、出行需求子系统、网络状态子系统和政策调控子系统四个既相互独立又彼此相关的部分组成，共同构成一个复合、统一的整体。通过对各子系统中的要素进行抽象选择，可得到与之相关的需求变量、成本变量、状态变量及调控变量。

出行成本子系统是影响居民出行选择最关键的部分，是方式选择的基础。因此，在该子系统中，主要考虑各出行方式的出行成本、不同出行方式间的转换成本，涉及的相关变量包括各出行方式路段的出行时间成本、舒适性成本、货币支出成本，与方式转换相关的成本还涉及转换中的步行时间成本、等待时间成本和舒适性成本等。

出行需求子系统与出行成本子系统关系密切，是包含出行需求与出行方式选择行为之间关系的子系统。与出行需求相关的要素，从宏观静态角度出发，包括区域人口、平均出行率；从微观动态的角度考虑，还应包括出行需求的时空分布特性变量；与方式选择行为相关的要素主要是出行路径选择、各方式在网络上的分担分布及总分担率等。

在网络状态子系统中，包含与交通运行状态相关的要素，如网络平均运行速度、各方式交通加载量等参与系统演化的变量，也包括表征系统运行状态的一些输出变量，如网络交通量、网络饱和度、网络平均运行速度、各方式运输周转量比例等。

与政策调控子系统相关的要素主要分为具体的调控政策变量和系统调控变量两部分。调控政策变量可细分为作用于出行需求引导的交通政策（如拥堵收费、停车收费、公共交通票价优惠、小汽车限行限购等）和调节资源配置的交通政策（如开辟公交专用道、完善慢行交通设施等）两部分。系统调控变量则包括系统的控制偏差、控制目标和控制阈值等。

综上所述，本研究在交通系统的各子系统构建中所选取的要素主要包括以下各项：

1. 需求要素

（1）总人口；

（2）出行率；

（3）方式链出行需求；

（4）步行路段需求；

（5）自行车路段需求；

（6）地铁路段需求；

（7）公交车路段需求；

（8）小汽车路段需求；

（9）地面机动交通出行需求。

2. 路网状态要素

（1）复合网络车辆数；

（2）机动车流入率；

（3）机动车流出率；

（4）路网平均车速。

3. 出行成本要素

（1）行驶段广义成本；

（2）转换段广义成本；

（3）方式链出行广义成本；

（4）方式链出行感知广义成本；

（5）方式链选择概率。

4. 政策调控要素

（1）控制时段路网小汽车数；

（2）目标路网小汽车数；

（3）控制偏差；

（4）控制阈值；

（5）调控政策；

（6）政策接受度；

（7）小汽车出行意愿。

在政策调控子系统的各要素选择中，具体的调控政策选取将在 5.4 节中进行详细阐述。

5.1.3　子系统间因果关系分析

对多模式交通系统要素间因果关系进行整理归纳，构建子系统间因果闭合回路，各子系统间输入、输出关系如图 5-2 所示。具体来说，出行成本子系统以各出行方式在网络上的运行速度为输入变量，建立考虑出行时间、方式转换及舒适性成本等组合而成的方式链出行成本测算方法、有效复合路径选择方案集合，并输出方式链选择方案，作为出行需求子系统的输入。出行需求按照方式链选择方案比例对复合网络进行各方式链交通量的加载，得到交通量在各方式网络层的加载量，并输出加载量分布。网络状态子系统在得到复合网络交通量的分布输入后，演化得到各方式层的运行时间，并反馈给出行成本子系统。各子系统通过以上输入输出过程，构成交通结构演化部分各子系统间的互馈关系。

加入政策调控子系统后，系统多了一个连接网络状态子系统和出行成本子系统的环节。系统的控制目标关注的重点在于地面机动交通运行状态，因此，网络状态子系统输出地面机动交通分布作为政策调控子系统的输入，经过政策的控制与实施环节，输出具体政策，作用于出行成本子系统。

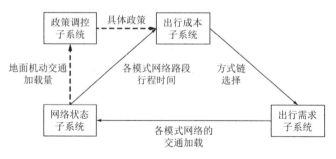

图 5-2　子系统间因果关系图

基于上述分析，将系统演化及调控的问题拆分为对各个子系统中关键要素关系的建模和子系统间因果关系的建模两个部分。

5.2　交通结构控制系统动力学建模思路

5.2.1　控制目标及步骤

本研究的调控目标是控制地面机动交通网络的加载量，进一步说是为了控制地面小汽车网络的车辆加载数量，目的是缓解地面交通拥堵情况。因此，以当前地面道路小汽车的网络加载与期望的地面小汽车数量间存在的偏差为控制目标，通过交通政策调控方案来调节方式链出行成本，反馈给系统以调整小汽车方式出行的需求，从而降低地面机动交通量。

基于上述控制目标，构建系统模型分析交通结构调控过程，研究过程遵循图 5-3 所示的步骤。后面的章节将着重阐述系统模型的构建以及演绎推断方法，这也是系统动力学模型构建的关键步骤。

图 5-3　系统研究过程

通过前述章节的分析，将图 3-2 所示的交通结构控制系统动力学因果关系图细化，构建城市交通结构控制的系统动力学流图，如图 5-4 所示，并构造描述系统中各要素间定量关系的方程。

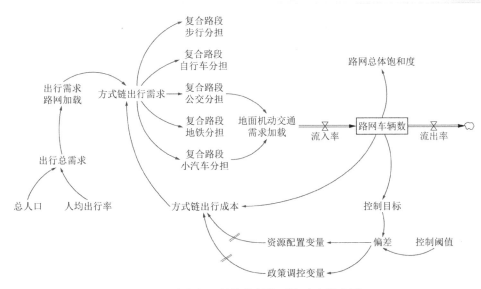

图 5-4　城市交通结构控制的系统动力学流图

5.2.2　系统方程

1. 水平方程

水平方程是系统动力学的基本方程，是描述系统动力学模型中的状态变量（即存量）变化的方程。本研究构建的交通系统中，抽象选取的状态变量为路网车辆数。根据存量和流量的关系可知，路网车辆数是小汽车出行需求在系统中流入、流出率变化对时间的积累，可用积分方程来描述，即地面机动交通路网车辆数（Number of Cars，NC）与流入率（Inflow Rate，IR）、流出率（Outflow Rate，OR），关系为：

$$NC(t) = NC(t_0) + \int_{t_0}^{t} \left[\sum IR(t) - \sum OR(t) \right] dt \qquad (5\text{-}1)$$

其中，$NC(t)$表示在t时刻状态变量NC的值；$NC(t_0)$表示NC在t_0时刻的值，为初始值；$\left[\sum IR(t) - \sum OR(t)\right]$表示路网小汽车数量的网络净流入。以上积分方程表示路网小汽车数量在t时刻的取值等于状态变量的初始值加上在$[0, t]$这段时间内的净流入量变化对时间的积累。在系统动力学中，将其转化为差分方程，可表示为：

$$NC.K = NC.J + \left(\sum IR.JK - \sum OR.JK \right) \times DT \qquad (5\text{-}2)$$

其中，$NC.K$表示路网车辆数NC在K时刻的取值；$NC.J$表示NC在J时刻的取值；$IR.JK$表示流入率IR在JK时间区间内的取值；$OR.JK$表示流入率OR在JK时间区间内的取值。

该水平方程具有固定的形式，包含四个特点：①是一个一阶差分方程且具有固定的表现形式；②是一个有记忆的量，因为方程式一定有前一时刻的状态值；③是将决策变量变成行动的过程，将小汽车流入网络的速度转化为路网小汽车数量水平的方程，因此方程中一定包含速率变量；④是小汽车流入网络的变化对时间的积累，方程中必须包括差分步长 DT。

2. 速率方程

速率方程是定义一个单位时间间隔内流量形成的方程，是对存量进行调节的决策规则。决策者通过对信息进行加工处理，做出下一步对系统实施控制的决策。决策依据源自系统状态，对路网小汽车数量进行观察，对比其与目标状态之间存在的偏差。决策过程需要用速率方程来描述，它是调节偏差的依据。控制目标一般由常量给定，速率方程最终可以表示为状态变量和常量的函数，所以网络小汽车辆数控制偏差 $Error$ 与政策调整时间（Adjust Time，AT）、期望网络小汽车数（DNC）之间的关系为：

$$IR(t) = \frac{Error(t)}{AT} = \frac{DNC - NC(t)}{AT} \tag{5-3}$$

用差分方程表示，为：

$$IR.KL = \frac{DNC - NC.K}{AT} \tag{5-4}$$

3. 辅助方程

为了更清楚地表达决策过程，还需要引入辅助方程来辅助速率方程的表达，尤其是当实际决策过程或系统演化过程较为复杂时，能将速率方程转化为几个较为简单的辅助方程来表示。

然而路网小汽车加载量的净流入率既不是常数，也不能表示为几个变量之间的简单线性关系，而是根据出行成本以一定的规则进行相应的改变，因此，基于第 4 章研究结果对其进行建模。

5.2.3 系统延迟

政策实施存在一定延迟，从系统动力学角度而言，系统的输入和输出速度不同，或者说如果输出滞后了，就会有一定的存量来累积输入与输出间的差异，因此，任何一个延迟一定至少包括一个存量。在系统动力学中，延迟包括物质延迟和管道延迟两种，它们的存在是增加系统复杂性的重要因素[105]。管道延迟较为简单，即每个流入部分的延迟时间都相同，是一个常数；而物质延迟是指物质在系统中流动的过程，输出落后于输入所致。

在交通系统的研究中，延迟效应体现在政策作用后对网络交通结构的改变不是一瞬间完成的，而是需要通过一段时间的演化才能达到平衡。政策由于其传播速度和出行者个体对政策接受度在时间上的差异，会导致出行者对政策实施后所作出的出行方式链选择存在个体差异，因此，系统不适合用管道延迟来描述，而应该采用物质延迟来拟合。本研究主要选取具有长期作用的宏观政策调控变量，因此，涉及的政策延迟是一个一阶物质延迟。

5.3 交通结构的评价指标

5.3.1 交通结构的组成与特征

城市交通结构主要按照交通方式特点来划分。不同的交通方式在运输速度、运量及使用范围等方面都有不同的特性[125]，见表 5-1，相应的出行特征也存在很大差异。

不同交通方式的基本运输属性   表 5-1

交通方式	运量（人/h）	运输速度（km/h）	使用范围
自行车	2000	10～15	短途
小汽车	3000	40～60	较广
常规公交	6000～9000	16～25	中长距离
地铁	30000～60000	25～60	长距离

以拥堵治理、方式链出行视角结合各出行方式的特点，得出如图 5-5 所示结构，以解释多模式城市交通结构组成。先从机动性角度出发，可以将交通方式划分为非机动交通和机动交通两种方式，前者包含步行、自行车等城市慢行交通系统的主要组成元素，后者则可根据所在空间层次分为地面机动交通和地下机动交通（即地铁）。地面机动交通主要由公交和小汽车组成，也是城市交通拥堵治理中最为关注的部分。

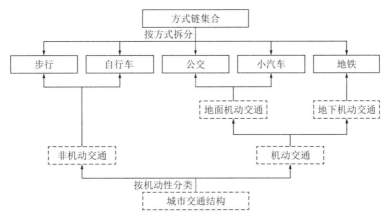

图 5-5 多模式城市交通结构

基于方式链的交通结构特点可类比基于出行链的交通结构特点，都是以一次出行所使用的所有组合方式为研究对象。它的特点是从出发地到目的地的出行，包括了多种交通方式的分段与方式转换。这样的交通结构组合形式繁多，且方式链间不易于量化对比。

5.3.2　交通结构评价指标

从交通结构评价指标角度看，基于方式链的交通结构不仅包含了总出行量、各方式的乘行量（方式使用频率）、运距等信息，也包含了方式转换次数、转换结构等信息。参考基于度量方式的交通结构研究方法，可将方式链按不同出行方式拆分，再以客运周转量为指标分别进行统计，能更为客观地反映交通结构。假如自行车和地铁两种方式有同等的运量，而前者平均出行距离远远低于后者，那么两者对城市交通客运量的分担率不能视为等同，因为两种方式所承担的公里数不同。用客运周转量表征交通结构较为合理，该指标同时考虑了各种方式的客运量和客运距离，包含了客运量的空间占有信息。

从交通运行状态子系统中，可以得到各方式链的使用频率及路径长度，因此，各方式周转量可表示为：

$$CV^d = \sum_k (\sum_{a \in f} l_a^d) q_{f \in k}^d, \ d \in D \tag{5-5}$$

其中，CV^d是方式d的周转量；D是所有方式的集合；l_a^d是方式d路段长度；f是某种方式在方式链中连续占有的路段集；$q_{f \in k}^d$是该路段集对应的方式交通量；k是方式链路径。

城市交通结构是体现城市交通供需结构的重要指标，对于交通规划、管理和交通政策调控具有重要参考价值。

5.4　政策变量选取

5.4.1　交通拥堵治理政策概述

在研究交通系统的政策调控子系统的调控机制之前，先对交通政策的分类及特点作概述。城市交通拥堵的成因复杂，但拥堵的形成并非只有交通系统本身的缺陷，同时与城市规划布局、经济背景等因素相关[126]。拥堵的产生也说明了有限的时空资源无法全面满足不同主体的各类出行需求。城市交通政策即是通过政府对城市交通的介入管理来缓解或解决交通矛盾。

解决拥堵问题要从供需关系上考虑，即完善供给和控制需求。从交通政策分类及特点来看，见表5-2，由于交通供给的增加有限，控制需求才是从根本上解决拥堵的办法。针对交通拥堵的政策主要集中在交通需求管理方面，通过经济、行政等手段影响交通需求的产生，以达到需求与资源平衡的目标。

交通政策分类及特点   表 5-2

政策类型	政策种类或作用方法	政策特点
交通投资政策	道路建设 轨道建设 地面公交系统建设 公共自行车系统建设	属于城市交通基础设施建设,资金来源于政府财政资金、债务融资、金融中介机构等,通过增加交通供给改善交通运行状况
限行政策	按车牌限行 按尾气排放量限行	通过法律法规控制道路上的车流量,以缓解交通拥堵
限购政策	购车摇号 机动车号牌拍卖 摇号加拍卖	通过限制机动车车牌发放,实现机动车数量合理、有序增加,以缓解交通拥堵
拥挤收费政策	在拥堵时段对拥堵区域 道路使用者收费	通过控制出行者的成本,从时空上调节交通量,减少拥堵路段、拥堵时段的交通负荷
公交优先	优化公交系统结构 完善公交票价机制 公交专用道设置 TOD 发展模式	按照公众利益优先、效率最优制定交通政策,在设施、资金投入等方面对公交予以优惠

以减少交通拥堵为特定目标的交通需求管理(TDM)是目前最为积极有效的治堵措施,但不同城市间的交通需求管理政策并不能直接复制,且政策在实施方式中也存在差异,要结合地方特点及发展需要展开。尽管如此,仍可从不少成功案例的经验中看出,交通需求管理的有效实施依赖于对政策法规、交通规划、经济杠杆等的综合协调运用。对于小汽车交通出行需求的引导和调控,需以发达的城市公共交通系统作为支撑和保障。

国内目前在交通需求管理方式中,采用了错峰上下班、公交信号优先等政策,但是从实践中发现,其可持续性不佳。诸多大城市为了限制小汽车的出行,纷纷采取小汽车限行、限购政策,期望通过这些政策手段来引导出行者转而使用公共交通等其他出行方式,政策实施效果有待商榷,如北京等城市的实践表明,拥堵不降反增,说明国内城市的交通需求管理研究仍有很大空间。

为进一步分析需求管理政策作用机制,针对较为宏观的交通政策进行调控机制的研究,可选取小汽车限行、限购政策作为调控变量,以复合网络方式链出行的静态交通分配模型为交通结构演化模型,分析各政策独立作用机制,并在此基础上,研究政策联动的实施策略。

5.4.2 限行政策的调控机制分析

限行政策从宏观上看是对路网小汽车交通量的直接控制[127],但从政策作用的本质规律上看,它是通过限制出行者对小汽车出行方式的选择来调控出行行为。这种调控,一方面调节小汽车出行需求,另一方面通过改变出行方式成本改变整个系统的出行需求结构。

从政策对个体的出行行为的影响来看,在被限制的小汽车出行者中,有几种分类:①部分出行者的家庭机动车保有量可能大于一辆，往往几辆车不在同一日限行，则当其中一辆小汽车被限行时，可以选择驾驶其他小汽车，这类出行者不会减少对小汽车的使用；②部分出行者只有一辆车，因而在限行之日，只能选择不包含小汽车出行的方式链完成出行，这类出行者可能转而使用包含地铁、公交或自行车等方式组合来完成出行；③部分出行者只有一辆车，但是由于其他出行方式可能并不便利，所以通过拼车、借车等方法继续选择小汽车出行。因此，被限行的出行者一部分会继续使用小汽车，另一部分则舍弃小汽车出行方式。

从政策对系统整体出行结构的作用来看，假设区域小汽车总体保有量在短期内不变，那么限行政策会使得网络在运小汽车数量减少，因而地面机动交通量的时空分布就会随之改变。

这种改变继而又会影响个体出行行为，对于出行不受限制的出行者来说，包含小汽车出行的方式链出行成本会因小汽车网络的通行时间减少而减少，这可能引起部分原本不使用小汽车的出行者转而选择包含小汽车出行的方式链来完成出行。政策的实施具有迟滞效应，出行者会随着对政策的逐渐适应而改变其对政策的接受度，从而逐渐改变限行日的小汽车出行意愿及出行习惯。系统在不断地演化中，慢慢达到平衡状态。

从长期来看，在限行过程中，原本有一辆车的出行者，可能不堪忍受限行带来的不便转而购置第二辆车，也可能因尝试以公共交通方式组合出行获得较为理想的出行效率且免于受停车不便的困扰转而放弃开车。当然，也有的出行者可能因为地面机动交通网络的路况得到改善，小汽车方式链（甚至小汽车单方式）出行效率提高而放弃公共交通出行。还有的出行者可能不受限行政策的影响，因此不改变出行习惯。

通过上述分析可以发现，政策实施后的系统演化关系较为复杂。政策在系统中的作用机制受多种因素影响，因此需要抽象表达该政策在系统范畴中的作用原理，其中最重要的科学问题之一是：政策如何在短期和长期两个时限内影响方式链出行成本的改变，进而通过改变出行方式链的选择以改变复合网络的交通结构分布。

5.4.3　限购政策作用机制

机动车保有量增长过快，会对交通管理造成极大的压力，限购政策旨在通过摇号的方式限制小汽车购买总量，从而达到抑制小汽车保有量增长速度的目的。

根据全国各大城市限购政策实施的情况看，不是所有参与摇号的购车指标获得者对购车都是刚性需求，是否购车是一个弹性需求。深圳2017年限购后买车意向调查结果显示[128]，同时参与摇号和车牌竞拍的群体占总参与摇号群体的48%，一定程度反映了参与摇号者不是都迫切需要购车。

实践表明，限行、限购政策在部分城市的实施过程中取得了一定的积极效果，而在很多小汽车保有量远远超过道路承载能力的城市，即使实施了限行、限购政策，拥堵依然存在，呈现出治标不治本的现象，有些城市甚至呈现出拥堵加剧的趋势。

综上，政策的实施效果差异，除了与各地方的实际小汽车保有量、出行率及人口等因素有关以外，是否还与它作用的速度、作用阶段等因素相关是本研究关注的重点。

5.5 控制策略制定

5.5.1 研究假设及说明

在研究政策调控之前，首先要明确几个重要的研究假设。本研究关注的是限行、限购政策颁布前、后某一天在限行时段内的网络出行需求分布，设定如下四个研究假设条件。

假设1：出行总需求的数量和分布结构不变，所有区域均在限行区域范围内，且每个出行者被限行的机会均等；

假设2：假设所有的出行者都以步行开始，以步行结束；

假设3：所有出行者的出行都遵循随机用户均衡原则；

假设4：网络上每个出行者在政策实施前可以使用任何交通方式出行，且都可以选择小汽车出行方式。

由于系统庞大、涉及参数繁多，且难以标定，本研究主要关注政策作用下的交通结构变化趋势。

5.5.2 控制目标的确定

限行、限购政策作为对小汽车拥有和使用进行强制性调控的手段，是一种较为直接的通过减少网络小汽车数量来缓解地面机动交通拥堵的控制方法，其控制目标是网络小汽车数量。如何找到理想状态下的网络小汽车数量是关键，对于决策支持起到重要作用。

1. 交通结构评价指标选取

在区域土地利用、交通网络结构不改变的情况下，可以认为出行需求的结构不变。结合路网拓扑结构，类比交通需求预测中的增长率法，得出平衡状态下网络小汽车和路网平均速度的映射关系。具体做法是，基于初始OD矩阵，以一定增长比例给出多组OD矩阵部分，放到网络中进行交通结构分布演化，得到基于各OD分布的网络均衡状态下的交通结构分布，从中提取出网络小汽车数量N和小汽车网络平均运行速度V作为分析指标。此外，对于交通结构的评价指标，选取5.3.2节中已经定义的方式周转量作为分析指标。

网络小汽车数量N约等于各条方式链中小汽车方式段的数量。根据3.5.3节和3.5.4节的复合网络拓扑方法的描述，对于N的统计就是对平衡状态下各方式链中转换段"步行→小汽车"的出行次数的统计，即：

$$N = \sum n_k^{\mathrm{wp}} \tag{5-6}$$

其中，n_k^{wp}为路径k上出现步行方式w转换小汽车方式p的转换段数量。而平衡状态下的小汽车路网平均速度用路段长度的加权平均求取：

$$\overline{V} = \frac{\sum l_n v_n}{\sum l_n} \tag{5-7}$$

其中，l_n为路段n的长度；v_n为路段n的平均车速。

2. 控制目标取值方法

为获取最合适的N作为控制目标，对上述多组N-$\overline{V}$数据进行拟合，可得到关系曲线。考虑极端情况，若网络小汽车数量为0，则网络平均车速是自由流速度的路段长度加权平均；若小汽车网络过于拥挤而无法移动，则网络平均车速为0。因此，可根据N-$\overline{V}$拟合曲线关系，选择合适的小汽车网络平均速度，求取该速度对应的N作为小汽车量的控制目标。

5.5.3 控制阈值的选取方法

在实际交通管理和交通出行过程中，管理者和小汽车出行者最在意的是通行效率和道路通畅程度，即小汽车路段上通行的平均速度大小。因此，将路段平均速度作为控制阈值选取的依据较为合理。

不同的路段平均速度对应了路段的拥堵程度。我国《城市综合交通体系规划标准》GB/T 51328—2018[129]中定义的主干道的三个等级的设计车速量化指标，分别为：1级——设计车速60km/h，2级——设计车速50～60km/h，3级——设计车速40～50km/h。文献[130]基于相关设计规范及专家打分法对北京市部分主干道路段交通流数据进行研究，给出了主干道路段交通状态的分类（表5-3）。

上述研究是针对每个小汽车路段而设计的小汽车运行评价指标，对整个路网交通结构的调控来说，需要给出一个总体的评价指标值，以触发控制。借鉴上述研究成果，将主干道运行速度低于15km/h的路段视为较拥堵路段。结合研究区域的限定，对拥堵路段总长占区域路网总里程的比例，以及网络总体平均运行速度设置下限，作为控制阈值，同时满足某一下限条件可触发控制。

主干道路段交通状态的分类[130]　　　　　　　　　　表 5-3

交通状态类别	平均速度（km/h）	基于专家打分法的交通状态主观描述
1	> 45	车辆较少，密度较小，车辆不受交通流中其他车辆的影响，自由选择期望车速
2	35～45	交通流量、密度有所增加，车辆在交通流中易受其他车辆的影响
3	25～35	车流量接近或达到道路容量，车辆之间的车头时距缩短，车辆在行驶中变道等可能受到一定限制
4	15～25	车流量有所降低，密度进一步增大，车辆间相互影响较大
5	10～15	车流量降低，车流密度增大，交通流内部小扰动将产生大的运行问题
6	≤ 10	车辆经常排队，走走停停，极不稳定

5.5.4　政策联动作用演化

根据 5.4 节中对政策变量作用机制的分析，绘制如图 5-6 所示的限行、限购政策联动的策略实施过程流图，并构建短期、长期演化的系统方程。

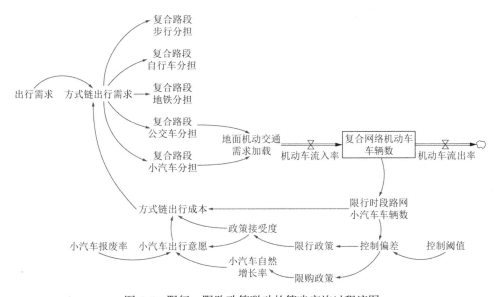

图 5-6　限行、限购政策联动的策略实施过程流图

从策略实施过程流图可以看出，政策对方式链出行成本的作用是非线性的，且要经过较为复杂的演化过程，具体演化方程如下。

1. 短期演化过程

自限行政策实施之日起，有一部分出行者将在限行时段无法选择小汽车方式出行，而另一部分出行者则不受限行政策的影响。对应到复合网络模型中，前者的出行方式链只能由其余四种出行方式构成，而后者可以选择五种方式层中的任一方式进行组合出行。

令被限行的出行需求（LTD）占总出行需求（TD）的比例为TR。在政策颁布后，设其中对政策抱积极接受态度的出行者比例为PA，剩余(1 − PA)比例的出行者因对政策接受度低而仍有选择小汽车作为出行方式的意向，因此他们可能会违规上路或通过借车等手段出行。由于对政策实施的逐渐适应或违规处罚等措施的威慑，部分对限行政策接受度较低的出行者逐渐转变态度而遵守限行政策，其转化速率为CR。则实际被限制的出行需求随时间的变化为：

$$LTD.K = TD \times TR \times PA.K \tag{5-8}$$

其中，$LTD.K$为K时刻被限行的出行需求数；$PA.K$为K时刻接受限行人群的比例，它又可以被描述为：

$$PA.K = PA.J + (1 − PA.J) \times CR.JK \times DT \tag{5-9}$$

其中，$PA.J$为J时刻接受限行人群的比例；$CR.JK$为JK时间区间内被限行且不接受该政策人群中改变态度转而接受限行政策的比例；DT为时间步长。

限行实施后，网络交通结构会改变原有的平衡状态而逐步演化至新的状态。基于第4章的演化模型，按照出行成本将被限行需求群体和非被限行需求群体放到演化模型中，对网络各方式交通量的加载进行演化，最终输出一个平衡状态。随着被限行人群中对政策接受度的转变，网络在每一个时间步长都会演化出相应的平衡状态，直至系统达到最终的平衡。这就是政策短期演化过程。

2. 长期演化过程

在限行政策实施期间，一方面，人们由于购车行为，使区域总体小汽车保有量以一定的速度逐渐增加。基于研究假设4，每个出行者在限行政策实施之前都可以使用小汽车，那么随着第二辆小汽车的购入，受限行政策制约的出行需求会逐渐减少，即小汽车保有量的增加速率与被限行人群的小汽车出行意愿之间是负因果链。另一方面，小汽车又以一定速率在报废，使区域总体小汽车保有量以一定的速度减少，导致不可使用小汽车的需求群体会增加，即报废率与被限行人群的小汽车出行意愿之间是正因果链。两者共同作用影响网络小汽车数。

从理论上讲，如果不对小汽车保有量的增长率进行约束，则限行政策将会逐步失效，极端情况即为当系统内所有出行者都拥有足够数量的小汽车，以至于在限行日交替使用这些车辆即可不受政策约束，因而要引入小汽车限购政策进行辅助调控。

设被限行的出行需求 LTD 与小汽车保有量的报废率（Vehicle Scrap Rate，VSR）、小汽车保有量自然增长率（Car-ownership Growth Rate，CGR）、限购政策-保有量净增长率的折减系数（Purchase Limit，PL）间的关系为：

$$LTD.K = TD.K \times [TR - \lambda \times (CGR.K \times PL.K - VSR)] \times DT \tag{5-10}$$

其中，λ 是小汽车保有量净增长率——不受限行制约人群转化率间的换算系数。

3. 联动控制策略

政策联动控制的思路分两步：第一步判断限行尾号个数的确定是否降低网络小汽车数量、降低了小汽车的分担率；第二步确定限购指标个数。其中，第一步的判断只需按不同受限行影响的出行需求比例放入模型中进行演化。下面描述限购指标确定方法。

假设在政策实施期间限行方案不变，对限购速率进行调控。当限购指标匀速放出时，小汽车保有量的增长率随时间的演化规律是线性增长的，增长速度较快。小汽车网络加载量与被限行人数比例存在一一对应的关系，因此小汽车数量控制偏差也对应被限行人数比例偏差。参考库存调节系统，可通过限购政策对小汽车保有量增长率作如下调控策略，限行人数比例偏差 $Error$ 与政策调整时间（Adjust Time，AT）、限购系数（PL）之间的关系为：

$$\lambda(CGR.K \times PL.K - VSR) = \frac{Error.K}{AT} \tag{5-11}$$

即：

$$PL.K = \left(\frac{Error.K}{AT \times \lambda} + VSR\right)/CGR.K \tag{5-12}$$

$$Error.K = DTR.K - TR.K \tag{5-13}$$

$DTR.K$ 为 K 时刻理想路网小汽车加载量对应的被限行群体出行比例，具体调控思想就是根据实际路网车辆数与理想路网车辆数间的偏差大小来调节小汽车增量。

基于本研究提出的系统动力学模型，课题组已有运用该模型进行停车收费政策研究的相关成果[131]，本研究所依托的国家自然科学基金重点项目的研究成果中，也包含了基于该系统动力模型的拥堵政策研究、节假日小汽车限行政策研究等成果。本研究针对小汽车限行、限购政策的作用机制研究，是对政策调控子系统的政策场景进行进一步的丰富和拓展，使不同政策的调控机制研究更加完善。

5.6 本章小结

本章首先从系统组成和研究区域两方面给出了系统边界的界定。然后抽象选取了出行需求子系统、出行成本子系统、网络状态子系统和政策调控子系统涉及的系统要素。在此基础上，明确了系统控制目标为网络小汽车加载数量，在定性分析的基础上，阐述了交通结构控制的系统动力学建模思路，建立了系统方程。此外，采用系统动力学一阶物质延迟思想对政策调控变量的作用机理进行了分析，为后续研究的建模打下基础。

同时，本章还分析了多模式交通结构的组成与特征，并给出了基于方式链的客运周转量计算方法作为交通结构的评价指标。然后梳理了交通拥堵治理的几项典型政策，并选取小汽车限行政策、限购政策作为政策调控变量，分析其作用机制。最后，在明确了研究假设的基础上，建立了调控系统的控制目标确定方法、控制阈值选取方法及政策联动演化的系统方程。

6

小汽车限行、限购政策下的
出行结构调控算例

　　为了更清晰地说明系统的演化过程和交通结构调控机制的反馈作用，也进一步验证方法的可行性，以第 3 章网络拓扑方法构建复合网络、以第 4 章的多模式交通分配为网络交通量加载方法、以第 5 章的交通结构调控研究为控制方法，进行算例验证。

6.1　建模场景

6.1.1　网络拓扑

　　为了选取涵盖所有出行方式的道路网络，以杭州中心城区的武林路片区路网为网络原形进行复合网络拓扑，如图 6-1 所示，拓扑区域由北侧的体育场路，西侧的环城西路、庆春路、东坡路，南侧的平海路和东侧的延安路围合。选择该区域的原因是它包含了地面交通网络和部分地铁线网，是一个承载步行、非机动车、公交、地铁和小汽车五种出行方式的网络，适合作为复合网络的研究雏形。基于真实网络结构，依托真实的拓扑信息，利于模型后期的标定与修正。

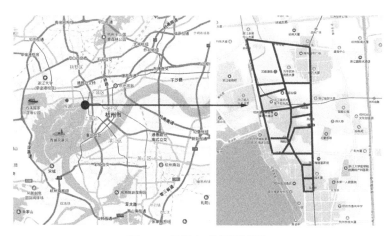

图 6-1　网络拓扑原形地图

　　根据路网方式属性，构造复合网络并将其按照各方式进行拓扑。图 6-2 为复合网络拓扑总图，各方式层行驶路段结构见图 6-3～图 6-5。在网络中，步行和非机动车在各路段双向都可通行；两条公交线基本覆盖拓扑区域且有一个站点可以换乘；两条地铁线有一处换乘点；小汽车可到达路网任何一个路段，但在这些路段只能单向通行。

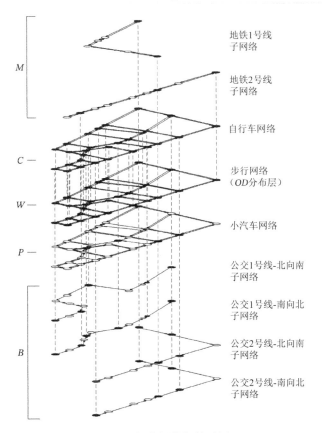

图 6-2 复合网络拓扑总图

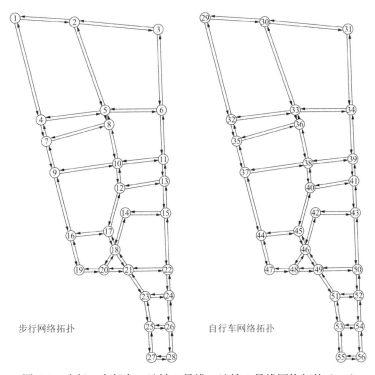

图 6-3 步行、自行车、地铁 1 号线、地铁 2 号线网络拓扑（一）

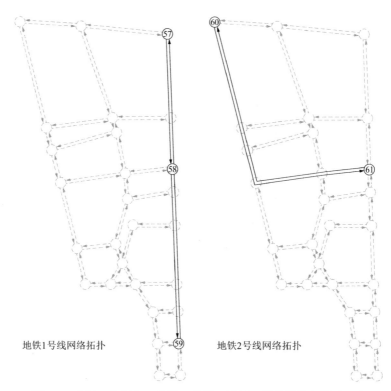

地铁1号线网络拓扑　　　　　地铁2号线网络拓扑

图 6-3　步行、自行车、地铁 1 号线、地铁 2 号线网络拓扑（二）

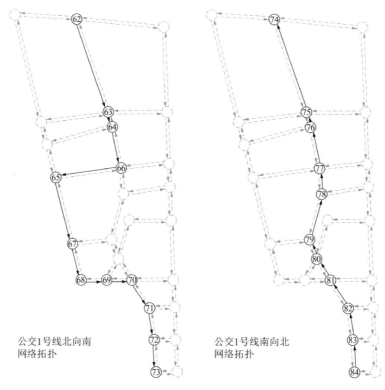

公交1号线北向南
网络拓扑　　　　　　　　　公交1号线南向北
　　　　　　　　　　　　　网络拓扑

图 6-4　公交网络拓扑（一）

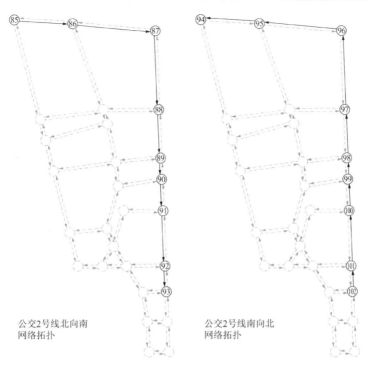

公交2号线北向南
网络拓扑

公交2号线南向北
网络拓扑

图 6-4 公交网络拓扑（二）

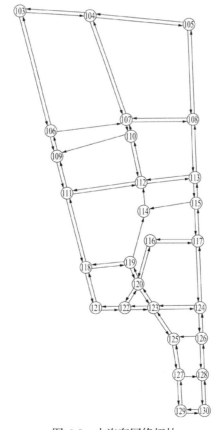

图 6-5 小汽车网络拓扑

除了行驶段结构的描述外，转换段也要作相应的拓扑。从网络的出行方式结构角度来解读转换模式，可以将其分为不同方式间转换和同方式间的换乘。在 3.5.3 节中已经阐述了一种方式转换的方法，即所有除步行以外的不同方式间的转换"*X*转换*Y*"都可以描述为"*X*换步行"与"步行换*Y*"组合；而对于同方式间的换乘，只有当公交车在同一站点不同方向上换乘时，才会涉及与步行层的转换，因此公交线路不同方向需要分层拓扑；地铁视为同台换乘，不涉及步行；选择使用相同方式的换乘，则不考虑转换的情况。

整个复合网络包含 130 个复合节点、448 个路段，各路段数量见附表 1。

6.1.2　参数选取

由于模型所构建的网络涉及众多参数，而参数标定并不是本研究的重点。本研究基于各类规划、手册及已有研究成果对参数进行选取，尽量保证参数设置合理。

对于步行和自行车两种非机动交通方式的参数选取，主要参考《道路通行能力手册》HCM 2010，自行车舒适性损耗以及 α、β 的取值源于参考文献[113-114]，自行车租赁费参考共享单车收费标准。具体参数见表 6-1。

非机动交通出行方式相关参数说明及取值　　　　表 6-1

参数类别	参数符号	含义及取值
步行相关	v_a^w	步行速度，取 1.5m/s
	χ^w	步行舒适性损耗，取 0.3
自行车相关	v_a^{wo}	自行车自由流速度，取 1.5m/s
	C_a^c	单向行驶自行车通行能力，取 3200 辆/(2 车道·h)
	p^c	自行车租赁费，取 1 元
	χ^c	自行车舒适性损耗，取 0.15
	α	待定参数，取 0.15
	β	待定参数，取 4

公交车和地铁的货币支出参考杭州公共交通的实际收费情况。地铁运行速度及平均等待时间参考实际杭州地铁发车频率及运行速度。公交运行速度及平均等待时间参考杭州公交 46 路及 290 路运行情况。舒适性损耗参数源于参考文献[113-114]的研究。具体各参数取值见表 6-2。

公共交通出行方式相关参数说明及取值　　　　表 6-2

参数类别	参数符号	含义及取值
地铁相关	v_a^{mo}	地铁平均运行速度，取 36km/h

参数类别	参数符号	含义及取值
地铁相关	P_a^m	地铁票价，起步价取 3 元，票价每公里增加 0.25 元
	$t_a^{m\prime}$	地铁平均等待时间，取 2min
	χ^m	地铁舒适性损耗，取 0.1
公交相关	v_a^{w0}	公交自由流速度，取 30km/h
	C_a^b	公交车通行能力，主干道取 450 辆/(车道·h)，次干道取 300 辆/(车道·h)
	$t_a^{b\prime}$	公交平均等待时间，取 5min
	χ^b	公交舒适性损耗，取 0.2

小汽车自由流速度、通行能力以及 α、β 的取值参数参考《杭州道路交通仿真系统研究》[132]中核心区交通流参数标定研究结果。平均车位搜索时间、平均停车费、平均小汽车载客率为假设取值。小汽车舒适性损耗源于参考文献[113]的研究。小汽车每公里油耗参考杭州出租车每公里燃油油耗费用取值。具体取值见表 6-3。

小汽车交通方式相关参数说明及取值　　　　　表 6-3

参数符号	含义及取值
v_a^{c0}	小汽车自由流速度，取 40km/h
C_a^p	小汽车通行能力，单向三车道取 1800 辆/(3 车道·h)，单向两车道取 1200 辆/(2 车道·h)，单向一车道取 900 辆/(车道·h)
$t_a^{c\prime}$	平均车位搜索时间，取 5min
$p^{p\prime}$	平均停车费，取 10 元
χ^p	小汽车舒适性损耗，取 0.01
α	待定参数，取 1
β	待定参数，取 5
FCF	小汽车油耗，高峰时期 1.04 元/km
ELF_p	小汽车平均载客率，取 2 人/辆

时间-成本折算系数以文献[106、114]介绍的算法计算得到，具体通过杭州市统计年鉴的查阅得到 2018 年杭州市全市就业人员年平均工资[133]为 93891 元，折合时薪为 45.02 元，根据世界银行给出的推荐时间价值为时薪的 0.3 倍可算得时间价值为 13.5 元/h。舒适性-成本折算系数根据文献[114]的研究取值。具体见表 6-4。

本研究的目的是构建交通结构演化模型、给出政策调控方法，并说明方法的可行性。若将模型开发成仿真系统，其中的各项参数都需要设计相应的研究方法来进行标定。

一般参数说明及取值　　　　　　　　　　　表 6-4

参数符号	含义及取值
ω	时间-成本折算系数，取 13.5
η	舒适性-成本折算系数，取 0.5

6.1.3　OD 矩阵

根据 3.5.1 节的研究结果，任何出行都以步行开始、步行结束，将出行需求 OD 矩阵的起讫点均设在步行层上，表 6-5 给出了出行需求分布（出行总需求为 204000 人），其中起讫点编号对应了步行网络层的拓扑节点编号。OD 矩阵为假设值，假设原则是起点选择在居住区周围，终点设置在大型公共建筑及办公用地附近。后续算例都将基于这个 OD 矩阵展开。

出行需求 OD 矩阵　　　　　　　　　　　表 6-5

O\D	3	9	15	19	28
1	9000	3000	9000	15000	9000
9	15000	0	9000	3000	9000
10	9000	3000	9000	9000	15000
12	9000	3000	3000	3000	9000
13	9000	3000	0	3000	3000
23	15000	9000	3000	3000	3000

6.1.4　政策场景假设

假设限行政策为每个限行时段限制两个尾号的汽车上路，则有 20% 应该为被限行的群体。限购政策-保有量增长率的折减系数 PL 为调控变量。

相关政策调控模型参数的选取见表 6-6。后续算例基于上述参数假设进行。

政策调控模型参数选取　　　　　　　　　　表 6-6

参数名称	参数描述	参数取值
TR	被限行人群占总需求的比例	0.2
PA	政策接受度占限行人群的比例	0.8
CR	政策接受度转化占总需求的比例	1%
VSR	小汽车报废率	6%
CGR	小汽车保有量增长率	10%

6.2 演化结果分析

6.2.1 算法收敛验证

为验证算法的有效性，将 6.1.2 节中的各类参数放入模型中，赋以表 6-5 的**OD**矩阵，进行基于方式链和 MSUE 的交通分配。模型所使用的 MSA 算法收敛结果如图 6-6 所示，计算的精度选取$\varepsilon = 1/5000$。算法在迭代 266 次后达到了收敛要求。

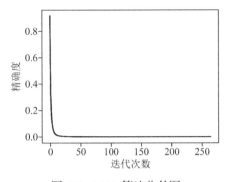

图 6-6 MSA 算法收敛图

OD矩阵演化达到平衡状态时，各方式层的交通需求分布如图 6-7 所示，路段最粗处的粗细代表交通需求量的大小，纵轴、横轴分别代表经纬度。由于出行需求设置关系，地铁 2 号线没有出行需求的分布，因此不展示其分布图。

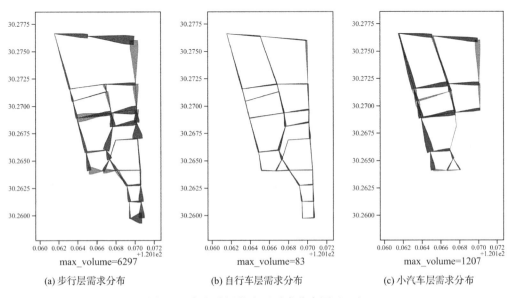

(a) 步行层需求分布　　　(b) 自行车层需求分布　　　(c) 小汽车层需求分布

图 6-7 各方式层的交通需求分布图（一）

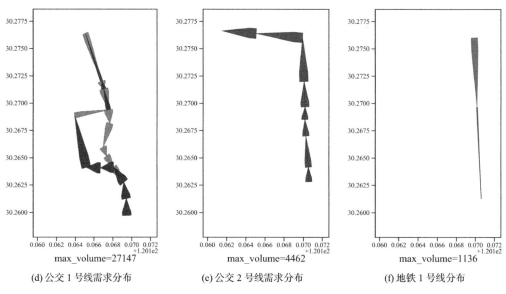

(d) 公交 1 号线需求分布   (e) 公交 2 号线需求分布   (f) 地铁 1 号线分布

图 6-7　各方式层的交通需求分布图（二）

由以上结果可知,在复合网络方式链出行的交通系统中,用 MSA 算法可解基于 C-Logit 分配的 MSUE 平衡问题。

6.2.2　控制目标

取 **OD** 矩阵的十五分之一（1/15）作为基准矩阵，按比例将基准矩阵扩大，分别放入模型中演化并求取平衡状态的网络小汽车数量 N、小汽车平均车速 $\overline{V}$。赋值倍数分别取 1～26 倍，并绘制如图 6-8 所示的 N-$\overline{V}$ 图。

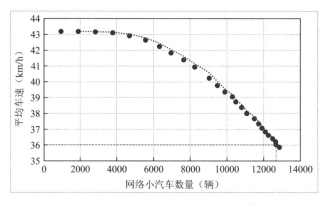

图 6-8　网络小汽车数量-平均车速（N-$\overline{V}$）图

网络小汽车数量庞大，不够直观，而网络平均运行速度相比之下更贴近人的直观感受。对曲线的拟合，可知 N-$\overline{V}$ 关系，根据理想网络平均车速，可求得网络理想车辆数，并以此作为控制目标（若取演化数据中平均速度 36km/h 的点作为理想状态下的网络平均车速，则对应的理想网络车辆数为 12667 辆）。但曲线拟合不是本研究的重点，故在这里不再展开。

6.2.3 网络状态评价

对 6.2.2 章节中各**OD**矩阵对应的平衡状态按 5.3.2 节中的公式(5-5)逐一求取各方式的分担率，可得表 6-7 所示结果（更全面的结果见附表 2），其中基准矩阵 15 倍对应的交通状态与图 6-7 所示的需求分布对应。

表格所示数据中，在**OD**分布结构不改变的情况下，随着**OD**需求的增加，虽然网络小汽车数量增加，但分担率逐渐减少，而公交的分担比例上升。当然，这与模型对各方式的成本参数设定有关。这里要说明的问题不是模型演化产生的具体数据，而是要说明出行需求通过出行成本的作用与交通状态之间存在的演化过程，更直观的演化趋势如图 6-9 所示。

交通结构随 OD 增加的演化趋势　　　　　　　　　　　　表 6-7

基准矩阵倍数	网络小汽车数	网络平均车速	步行分担率	自行车分担率	公交分担率	地铁分担率	小汽车分担率
1	950	43.20	46.52%	1.06%	41.67%	2.01%	8.74%
3	2848	43.18	46.62%	0.80%	41.78%	2.01%	8.78%
5	4698	42.93	46.69%	0.73%	41.85%	2.02%	8.70%
10	8229	40.92	47.45%	0.57%	42.46%	2.09%	7.43%
15	**10504**	**38.75**	**48.24%**	**0.39%**	**42.87%**	**2.27%**	**6.23%**
20	11954	37.09	48.79%	0.32%	43.21%	2.38%	5.30%
25	12667	36.03	49.34%	0.25%	43.45%	2.41%	4.56%

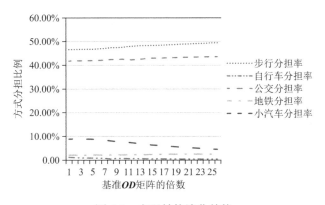

图 6-9　交通结构演化趋势

通过演化模型输出的各路段需求分布，还可以判断各方式在不同平衡状态下的分布结构变化。图 6-10 是相同结构、不同规模的出行需求在小汽车网络上的平衡状态分布差异，当需求规模增加到一定程度，小汽车出行的路径覆盖会发生变化。其对出行需求预测有重要的意义，因为**OD**的假设可类比出行需求增长系数法的预测，根据需求预测，可演化出预期的需求分布及结构改变，并可提前做出相应的政策预案，进行资源配置调整。

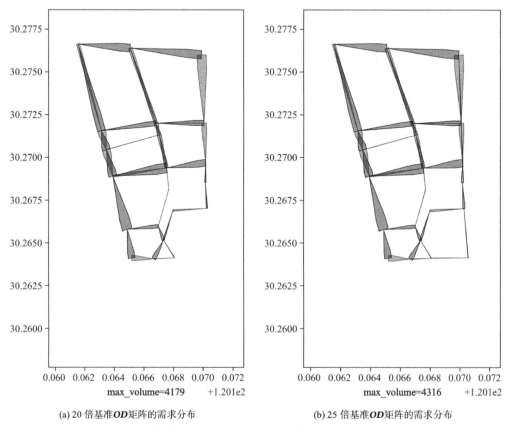

(a) 20 倍基准OD矩阵的需求分布　　　　　　(b) 25 倍基准OD矩阵的需求分布

图 6-10　不同规模的出行需求在小汽车网络上的平衡状态分布差异

综上所述，本节的结果验证了本研究构建的多模式交通结构演化方法具有可行性。

6.3　政策调控结果分析

根据 5.5 节构建的调控方法、6.1.3 节构建的**OD**分布和 6.1.4 节的政策场景假设，对"每个限行时段限行 2 个尾号"的限行政策场景进行演化。假设政策实施后，应该被限行的出行者比例为 20%，政策实施之初，其中 80%的被限行出行者（占总出行者的 16%）遵守了限行政策，不开车上路，剩余 20%的被限行出行者（占总出行者的 4%）对政策持消极态度，可能仍会选择违规开车或通过租借等手段继续开车（有小汽车出行意愿）。假设政策实施后一段时间，对政策实施抱消极态度的出行者每单位时间以占应被限行群体的 5%（占总出行者的 1%）的速度转为遵守政策、放弃开车的群体，经过 5 个单位时间（每个单位时间为一个演化阶段），当所有出行者均遵守政策规定时，系统达到限行后的稳定状态。

6.3.1 限行政策的短期演化

基于上述政策场景，随着政策接受度的变化，网络车辆数、网络平均车速和交通结构的演化结果如表 6-8 所示，下划线数据显示的是限行政策实施后和实施前系统分别达到的平衡状态，实施后各方式路段需求分布见附图 1。

表 6-8

政策转化速率累计-分担率比例表

演化阶段	网络车辆数	网络平均车速	步行分担率	自行车分担率	公交分担率	地铁分担率	小汽车分担率
1	9736	39.53	48.98%	0.65%	43.10%	1.49%	5.78%
2	9681	39.60	49.03%	0.62%	43.12%	1.50%	5.73%
3	9621	39.67	49.05%	0.59%	43.15%	1.51%	5.71%
4	9546	39.71	49.08%	0.57%	43.16%	1.50%	5.69%
5	**9488**	**39.78**	**49.11%**	**0.58%**	**43.16%**	**1.49%**	**5.66%**
限行前	**10504**	**38.75**	**48.24%**	**0.39%**	**42.87%**	**2.27%**	**6.23%**

对比限行前网络平衡状态（数据来自表 6-7）和限行后短期平衡状态，网络小汽车数量下降，平均速度上升，小汽车分担率下降，地铁分担率上升，说明政策实施后的交通结构变化。

6.3.2 限行、限购政策的联动调控策略及长期演化

根据上节研究结果，限行政策实施后系统经过短时演化，达到了暂时的平衡。但是，随着小汽车保有量的增加，在限行方案的长期执行过程中，限行作用会减弱，因此需要在政策场景中增加限购政策已知保有量的增长。

根据表 6-8 的数据，将理想状态下网络车辆数假设为 10000 辆。这里延续上节短期政策演化的研究，以被限行人群占总需求比例的 2.5% 为步长，绘制系统平衡状态下的网络小汽车加载量-被限行人群比例图（图 6-11）。控制目标 10000 辆小汽车加载率对应的被限行人群比例为 11.5%。

在限行政策下设置限购政策，要考虑当前小汽车加载量与理想状态下网络小汽车加载量的偏差。当偏差较大时，可适当放宽限购指标，同理，当偏差较小时，则应收紧限购指标。这里根据 5.5.4 章节给出政策调控策略，由公式(5-11)～式(5-13)可得：

$$Error = 8.5\% \tag{6-1}$$

$$PL.K = \left(\frac{8.5\%}{AT} + 6\%\right)/10\% \tag{6-2}$$

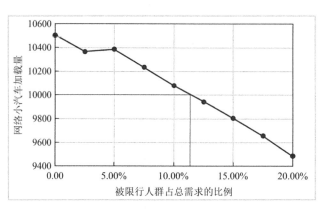

图 6-11 平衡状态下的被限行人群比例-网络小汽车加载量

取适当的调节步长 AT 来演绎系统控制过程。令系统调节步长取 3，控制偏差演化过程见图 6-12，限购政策系数与系统偏差演化关系见表 6-9。

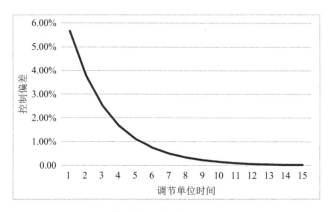

图 6-12 控制偏差演化过程（$AT = 3$）

限购政策系数与系统偏差演化   表 6-9

调节单位时间	PL	Error
1	88.33%	5.67%
2	78.89%	3.78%
3	72.59%	2.52%
4	68.40%	1.68%
5	65.60%	1.12%
6	63.73%	0.75%
7	62.49%	0.50%

调节单位时间	*PL*	*Error*
8	61.66%	0.33%
9	61.11%	0.22%
10	60.74%	0.15%
11	60.49%	0.10%
12	60.33%	0.07%
13	60.22%	0.04%
14	60.15%	0.03%
15	60.10%	0.02%

可以看到，当限购系数接近 0.6 时，系统控制偏差趋近于 0，即在限行政策实施的情况下，调节限购系数，使政策联动作用下的小汽车保有量增长率逐渐与小汽车报废率持平，则系统逐步趋于稳定状态。

6.4　本章小结

本章主要是针对第 3 章复合网络构建、第 4 章复合网络交通分配及第 5 章多模式交通结构的系统动力学调控方法的研究结果对方法进行了算例验证。算例选取杭州核心区域部分路网为依据进行复合网络拓扑，通过模型参数选取、*OD*矩阵假设和政策场景假设构造了建模场景，应用基于 C-Logit 分配的 MSUE 模型对交通结构进行演化，并得出平衡状态下的网络小汽车数量-平均车速演化过程，同时给出了演化过程中网络各方式的客运周转量比例分布情况。另外，通过假设小汽车限行、限购政策场景及相关参数，研究了调控政策对交通结构的作用机理，并给出政策联动控制的调控策略，为复合网络多模式交通结构调控仿真系统的开发奠定基础。

7

总结与展望

7.1 工作总结

本研究主要完成了以下工作：

（1）总结了交通结构控制、交通网络模型、多模式交通分配模型、求解算法的研究成果及系统动力学方法在交通领域的应用，分析了已有成果的优点及缺陷。

（2）给出了多模式交通背景下的复合网络构建方法，提出了基于步行方式层的转换网络拓扑方法，以简化网络转换段的数量和结构，优化了基于不同上下游转换方式的转换成本的计算方法，降低了多模式网络交通流演化模型的计算复杂度。

（3）提出了基于出行效用模型和 C-Logit 分配的多模式随机用户平衡（MSUE）模型，基于矩阵迭代法和K最短路算法计算分配路径集合，并给出模型的求解算法，阐释了复合网络多模式交通结构的均衡机理。

（4）基于系统动力学思想，抽象选取了出行需求子系统、出行成本子系统、网络状态子系统和政策调控子系统涉及的系统要素，明确了系统控制目标、系统主要要素间的因果关系，提出了交通结构演化逻辑。分析了方式链出行成本与方式链出行选择、路网交通量与方式链出行成本、政策调控变量与方式链出行成本三组非线性关系变量间的因果关系。揭示了交通系统中政策调控变量作用机理及一阶物质延迟效用。

（5）提出了基于方式链的网络交通结构评价指标计算方法，以小汽车限行政策、限购政策作为政策调控变量，提出了控制目标确定方法、控制阈值选取方法，并分析政策的短期作用机制和长期联动作用机制。以杭州核心区域部分路网为依据进行网络拓扑，对演化模型的可行性进行验证，并对调控方法进行模拟、演绎。

7.2 创新成果

本研究在以下几方面取得了创新成果：

（1）提出了基于方式链出行的多模式交通出行背景下的复合网络拓扑方法。

给出了多模式网络不同方式层、方式转换网络的拓扑方法，克服了转换段拓扑结构繁杂难以适用于较大网络的缺陷；将起讫点设置于步行网络层，分段考虑了基于步行的方式间转换及方式内转换的多模式出行结构，构建了多模式交通背景下的复合网络拓扑结构。

（2）提出了方式链出行成本测算方法，构建了基于复合网络多模式交通用户均衡的 C-Logit 分配模型。

基于行驶路段、方式转换段出行成本累加的思想，提出了方式链出行成本测算模型，以 C-Logit 分配的复合网络多模式交通用户均衡（MSUE）模型描述系统交通量的加载过程，并给出了相应的求解算法。

（3）提出了多模式交通结构调控的系统动力学模型，揭示了限行、限购政策联动的政策作用机制，并提出了调控策略。

以网络小汽车加载量为控制目标，以方式周转量比例为交通结构评价指标，建立城市交通结构控制的系统动力学模型。在考虑系统一阶物质延迟的基础上，演绎小汽车限行政策作用的短期演化过程；研究小汽车限行政策、限购政策联动作用下的系统演化规律，并提出了政策联动控制策略。

7.3 研究展望

本研究从较为宏观的角度对复合网络多模式交通结构的演化机理及调控方法作了探索研究，但交通系统的组成极为复杂，个体的出行行为存在差异性和随机性，导致宏观模型对交通系统的刻画不够准确。受研究条件及作者知识体系的限制，本研究仍有诸多不足，敬请各位专家和读者批评指正。

后续研究中，在以下几方面仍有待进一步深入与探讨：

（1）宏观演化模型不足以描述系统的实时动态变化，对于控制对象较为微观、调控效果较为灵敏的政策，无法较好地进行演绎，动态的交通演化模型能较好地反映这些政策对交通结构的调控过程，其中涉及的演化机制更为复杂，可以基于本研究进行深化和拓展。

（2）交通政策是针对具体治理对象制定的，各政策具有其固有的特点，政策间差异性较大。本研究仅针对两项政策调控机制进行研究，但要系统阐释政策调控方法，可进一步将政策分类，提炼各类政策作用机制的异同点，对政策调控模型进行更系统的研究和建模。

（3）基于本研究所构建的演化模型，可作为交通系统结构调控仿真系统的基础，为政策制定提供决策依据。模型本身还需要不断地完善，对于不同拥堵状态等级的网络可进一步进行分类研究，其中涉及的大量参数可分块研究并设计合理的标定方法。

附　录

参见附表1、附表2及附图1。

各路段数量表 附表1

路段性质	涉及方式	路段数量
行驶段	步行	82
	自行车	82
	地铁1	4
	地铁2	2
	公交1	21
	公交2	16
	小汽车	75
不同方式间转换段	步行-自行车	28
	步行-地铁1	3
	步行-地铁2	2
	步行-公交1	11
	步行-公交2	10
	步行-小汽车	28
	自行车-步行	28
	地铁1-步行	3
	地铁2-步行	2
	公交1-步行	11
	公交2-步行	10
	小汽车-步行	28
同方式内转换段	地铁1-地铁2	1
	地铁2-地铁1	1

交通结构随 *OD* 矩阵增加的分布变化表 附表2

基础矩阵倍数	网络小汽车数	网络平均车速	步行分担率	自行车分担率	公交分担率	地铁分担率	小汽车分担率
1	950	43.20	46.52%	1.06%	41.67%	2.01%	8.74%

基础矩阵倍数	网络小汽车数	网络平均车速	步行分担率	自行车分担率	公交分担率	地铁分担率	小汽车分担率
2	1898	43.20	46.57%	0.93%	41.73%	2.02%	8.76%
3	2848	43.18	46.62%	0.80%	41.78%	2.01%	8.78%
4	3787	43.10	46.67%	0.77%	41.81%	2.02%	8.74%
5	4698	42.93	46.69%	0.73%	41.85%	2.02%	8.70%
6	5560	42.65	46.81%	0.69%	41.93%	2.02%	8.55%
7	6341	42.24	46.97%	0.63%	42.03%	2.02%	8.34%
8	6964	41.86	47.29%	0.36%	42.31%	2.04%	7.99%
9	7628	41.39	47.32%	0.57%	42.36%	2.03%	7.72%
10	8229	40.92	47.45%	0.57%	42.46%	2.09%	7.43%
11	9043	40.24	47.80%	0.52%	42.17%	2.15%	7.36%
12	9490	39.78	47.98%	0.52%	42.28%	2.14%	7.08%
13	9900	39.38	48.17%	0.47%	42.41%	2.17%	6.77%
14	10283	39.01	48.23%	0.42%	42.70%	2.16%	6.49%
15	10504	38.75	48.24%	0.39%	42.87%	2.27%	6.23%
16	10814	38.40	48.27%	0.41%	42.90%	2.33%	6.09%
17	11104	38.03	48.39%	0.38%	42.97%	2.36%	5.91%
18	11485	37.66	48.52%	0.36%	43.07%	2.36%	5.69%
19	11790	37.38	48.63%	0.35%	43.14%	2.37%	5.51%
20	11954	37.09	48.79%	0.32%	43.21%	2.38%	5.30%
21	12193	36.86	48.89%	0.32%	43.27%	2.38%	5.14%
22	12296	36.63	48.99%	0.32%	43.33%	2.39%	4.98%
23	12492	36.41	49.09%	0.32%	43.38%	2.39%	4.82%
24	12606	36.20	49.17%	0.32%	43.43%	2.40%	4.68%
25	12667	36.03	49.34%	0.25%	43.45%	2.41%	4.56%
26	12892	35.88	49.34%	0.32%	43.52%	2.41%	4.41%

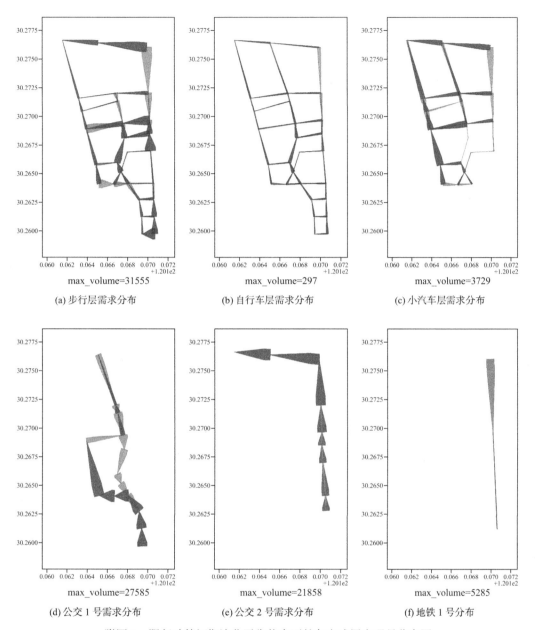

(a) 步行层需求分布　　　　　(b) 自行车层需求分布　　　　　(c) 小汽车层需求分布

(d) 公交 1 号需求分布　　　　　(e) 公交 2 号需求分布　　　　　(f) 地铁 1 号分布

附图 1　限行政策短期演化平衡状态下的各方式层交通量分布图

参 考 文 献

[1] 李昆达, 马林, 杨新苗, 等. 快速城镇化下的公共交通优先政策研究[J]. 城市交通, 2013(2): 60-65.

[2] 孔令斌, 李紫颜. 存量发展阶段的交通拥堵治理与公共交通优先[J]. 城市交通, 2019(1): 1-6.

[3] 詹运洲. 城市客运交通政策研究及交通结构优化[M]. 北京: 人民交通出版社, 2001.

[4] 范操. 城市交通结构优化方法及其作用研究[J]. 交通运输研究, 2010(16): 124-127.

[5] MILAKIS D, VLASTOS T, BARBOPOULOS N. Relationships between Urban Form and Travel Behaviour in Athens, Greece: A Comparison with Western European and North American Results[J]. European Journal of Transport and Infrastructure Research, 2008, 8(3): 201-215.

[6] ZHIQIANG Z, HENG Z, YINJUN T, et al. Natural Wind Utilization in the Vertical Shaft of a Super-long Highway Tunnel and Its Energy Saving Effect[J]. Building and Environment, 2018(145): 140-152.

[7] ROTARIS L, DANIELIS R. The Impact of Transportation Demand Management Policies on Commuting to College Facilities: A Case Study at the University of Trieste, Italy[J]. Transportation Research Part A: Policy and Practice, 2014(67): 127-140.

[8] EWING R, HAMIDI S, GALLIVAN F, et al. Combined Effects of Compact Development, Transportation Investments, and Road User Pricing on Vehicle Miles Traveled in Urbanized Areas[J]. Transportation Research Record: Journal of the Transportation Research Board, 2013(2397): 117-124.

[9] KAKARAPARTHI S K, KOCKELMAN K M. An Application of UrbanSim to the Austin, Texas Region: Integrated-Model Forecasts for the Year 2030. Paper under Review for Publication in Transportation Research Record[J]. Journal of Urban Planning & Development, 2008, 137(3): 238-247.

[10] YIGITCANLAR T, DUR F. Developing a Sustainability Assessment Model: The Sustainable Infrastructure, Land-use, Environment and Transport Model[J]. Sustainability, 2010, 2(1): 321-340.

[11] NAZELLE A D, FRUIN S, WESTERDAHL D, et al. A Travel Mode Comparison of Commuters' Exposures to Air Pollutants in Barcelona[J]. Atmospheric Environment, 2012(59): 151-159.

[12] BHAT C R, SARDESAI R. The Impact of Stop-making and Travel Time Reliability on Commute Mode Choice[J]. Transportation Research, Part B (Methodological), 2006, 40(9): 709-730.

[13] ADLER J L, CETIN M. A Direct Redistribution Model of Congestion Pricing[J]. Transportation Research, Part B (Methodological), 2001, 35(5): 447-460.

[14] LAI J, QIU J, FAN H, et al. Fiber Bragg Grating Sensors-Based in Situ Monitoring and Safety Assessment of Loess Tunnel[J]. Journal of Sensors, 2016: 1-10.

[15] WANG Y, LU H. Integrated Model of Urban Land-use and Modal Split Based on Sustainable Development[J]. Journal of Tsinghua University (Science and Technology), 2004, 44(9): 23-36.

[16] LU J, WANG W. The Study of Urban Transportation System Sustained Development Evaluation Method[J]. China Civil Engineering Journal, 2004(3): 99-104.

[17] PRATO C G, KATRÍN HALLDÓRSDÓTTIR, NIELSEN O A. Latent Lifestyle and Mode Choice Decisions When Travelling Short Distances[J]. Transportation, 2017, 44(6): 1343-1363.

[18] TABUCHI T. Bottleneck Congestion and Modal Split[J]. Journal of Urban Economics, 1991, 34(3): 414-431.

[19] KORYAGIN M, KATARGIN V. Optimization of an Urban Transport System on the Condition of Different Goals of Municipal Authorities, Operators and Passengers[J]. Transport, 2016, 31(1): 63-69.

[20] ERIKSSON L, NORDLUND A M, Garvill J. Expected Car Use Reduction in Response to Structural Travel Demand Management Measures[J]. Transportation Research Part of Traffic Psychology & Behaviour, 2010, 13(5): 329-342.

[21] HABIBIAN M, KERMANSHAH M. Coping with Congestion: Understanding the Role of Simultaneous Transportation Demand Management Policies on Commuters[J]. Transport Policy, 2013, 30(Complete): 229-237.

[22] WANG Q, SUN H. Traffic Structure Optimization in Historic Districts Based on Green Transportation and Sustainable Development Concept[J]. Advances in Civil Engineering, 2019. DOI: 10.1155/2019/9196263.

[23] CHOWELL G, HYMAN J M, EUBANK S, et al. Scaling Laws for the Movement of People Between Locations in a Large City [J]. Physical Review E, 2003, 68(6): 066, 102.

[24] SEN P, DASGUPTA S, CHATTERJEE A, et al. Small-world Properties of the Indian Railway Network [J]. Physical Review E, 2003, 67(3): 036, 106.

[25] VON FERBER C, HOLOVATCH T, HOLOVATCH Y, et al. Public Transport Networks: Empirical Analysis and Modeling [J]. The European Physical Journal B, 2009, 68(2): 261-275.

[26] JIANG B, JIA T. Agent-based Simulation of Human Movement Shaped by the Underlying Street Structure [J]. International Journal of Geographical Information Science, 2011, 25(1):

51-64.

[27] LÄMMER S, GEHLSEN B, HELBING D. Scaling Laws in the Spatial Structure of Urban Road Networks [J]. Physica A: Statistical Mechanics and its Applications, 2006, 363(1): 89-95.

[28] BARTHÉLEMY M, FLAMMINI A. Modeling Urban Street Patterns [J]. Physical Review Letters, 2008, 100(13): 138, 702.

[29] WANG W X, WANG B H, HU B, et al. General Dynamics of Topology and Traffic on Weighted Technological Networks [J]. Physical Review Letters, 2005, 94(18): 188, 702.

[30] 邹继媛. GDF 地理数据模型与交换格式的导航能力分析: 浅析 GDF 的导航数据构架 [C]//中国地理信息系统协会第八届年会论文集. 2004: 444-452.

[31] KONCZ N A, ADAMS T M. A Data Model for Multi-dimensional Transportation Applications[J]. International Journal of Geographical Information Systems, 2002, 16(6): 551-569.

[32] 陆锋, 周成虎, 万庆. 基于特征的城市交通网络非平面数据模型[J]. 测绘学报, 2000, 29(4): 334-341.

[33] PEUQUET D J, WENTZ E. An Approach for Time-based Analysis of Spatio-temporal Data[J]. Sdh, 1994(1): 489-504.

[34] BIELLI M , BOULMAKOUL A , MOUNCIF H. Object Modeling and Path Computation for Multimodal Travel Systems[J]. European Journal of Operational Research, 2006, 175(3): 1705-1730.

[35] LUAN X, YANG B, ZHANG Y. Structural Hierarchy Analysis of Streets Based on Complex Network Theory. Geomatics and Information Science of Wuhan Univers, 2012, 37(6): 728-732.

[36] 高自友, 吴建军, 毛保华, 等. 交通运输网络复杂性及其相关问题的研究[J]. 交通运输系统工程与信息, 2005, 5(2): 79-84.

[37] SEN P, DASGUPTA S, CHATTERJEE A, et al. Small-world Properties of the Indian Railway Network[J]. Physical Review E, 2003, 67(3): 36, 106.

[38] 汪涛, 许乐, 张继, 等. 城市公交网络的拓扑结构及其演化模型研究[J]. 公路交通科技, 2009, 26(11).

[39] 卫振林, 甘杨杰, 赵鹏. 城市复合交通网络的若干特性研究[J]. 交通运输系统工程与信息, 2015, 15(1): 106-111.

[40] 强添纲, 赵明明, 裴玉龙. 城市多模式交通网络的复杂网络特性与鲁棒性研究[J]. 交通信息与安全, 2019, 37 (1): 65-71.

[41] DIJKSTRA E W. A Note on Two Probles in Connexion with Graphs[J]. Numerische

Mathematics, 1959, 1(1): 269-271.

[42] WANG H, HU M, XIAO W. A new Public Transportation Data Model and Shortest-path Algorithms[C]. International Asia Conference on Informatics in Control, IEEE Press, 2010.

[43] FERREIRA J C, FILIPE P, SILVA A. Multi-Modal Transportation Advisor System[J]. Integrated and Sustainable Transportation System (FISTS), 2011: 388-393.

[44] XU X, YIN Y, LIU L. Improved Dijkstra's Algorithm and its Application in Intelligent Transportation System[J]. Journal of Residuals Science and Technology, 2016, 13(7).

[45] BISWAS S. Fuzzy Real Time Dijkstra's Algorithm[J]. International Journal of Computational Intelligence Research, 2017, 13(4): 631-640.

[46] YAN X, NIU Y. Study on Heuristic Algorithm for Public Transport Network Multi-Path Selection[J]. Urban Transport of China, 2005.

[47] GOEL N, VELAGA N R, VEDAGIRI P, et al. Optimal Routing Algorithm for Large Scale Multi-modal Transit Networks[C]. World Conference on Transport Research - WCTR 2016 Shanghai, 2016.

[48] TIEN N, MACDONALD T, XU Z. TDplanner: Public Transport Planning System with Real-Time Route Updates Based on Service Delays and Location Tracking[C]. Vehicular Technology Conference. IEEE, 2011.

[49] 兰少峰. 群智能算法在公共交通换乘多模式路径选择中的应用研究[D]. 上海: 上海工程技术大学, 2016.

[50] YEN J Y. Theory Series Finding the K Shortest Loopless Paths in a Network[J]. Management Science, 1971, 17(11): 712-716.

[51] EPPSTEIN D. Finding the k Shortest Paths[J]. Proceedings 35th Annual Symposium on Foundations of Computer Science, 1994: 154-165.

[52] MARTINS EQV, PASCOAL MMB, SANTOS JLE.A New Algorithm for Ranking Loopless Paths[R]. Research Report, CISUC, 1997. (www.mat.uc.pt/~marta/Publicacoes/mps.ps.gz)

[53] DREYFUS S E. An Appraisal of Some Shortest-Path Algorithms[J]. Operations Research, 1969, 17(3): 395-412.

[54] SHIER D R. Computational Experience with an Algorithm for Finding the K Shortest Paths in a Network[J]. Journal of Research of the National Bureau of Standards Mathematical Sciences, 1974(78): 139-165.

[55] ERNESTO de QUEIRÓS VIEIRA MARTINS. An Algorithm for Ranking Paths that may Contain Cycles[J]. European Journal of Operational Research, 1984, 18(1): 123-130.

[56] JOSÉ AUGUSTO AZEVEDO, MARIA EMÍLIA O SANTOS COSTA, et al. An Algorithm for the Ranking of Shortest Paths[J]. European Journal of Operational Research, 1993, 69(1):

97-106.

[57] WU Q, HARTLEY J. Accommodating User Preferences in the Optimization of Public Transport Travel[C]//European Congress on Intelligent Transportation Systems & Services, 2004.

[58] JIN W, CHEN S, Jiang H. Finding the K Shortest Paths in a Time-schedule Network with Constraints on Arcs[J]. Computers & Operations Research, 2013, 40(12): 2975-2982.

[59] FLORIAN M, NGUYEN S. A Combined Trip Distribution Modal Split and Trip Assignment Model[J]. Transportation Research, 1978, 12(4): 241-246.

[60] FISK C S, BOYCE D E. Alternative Variational Inequality Formulations of the Network Equilibrium-Travel Choice Problem[J]. Transportation Science, 1983, 17(4): 454-463.

[61] SHEFFI Y. Urban Transportation Networks: Equilibrium Analysis with Mathematical Programming Methods[M]. New Jersey: Prentice-Hall, Englewood Cliffs, 1985.

[62] NGUYEN S, PALLOTTINO S. Hyperpaths and Shortest Hyperpaths[M]. Combinatorial Optimization, Springer Berlin Heidelberg, 1989.

[63] ANGÉLICA LOZANO, STORCHI G. Shortest Viable Hyperpath in Multimodal Networks[J]. Transportation Research Part B (Methodological), 2002, 36(10): 0-874.

[64] LAM W H K, HUANG H J. A Combined Trip Distribution and Assignment Model for Multiple User Classes[J]. Transportation Research Part B Methodological, 2008, 26(4): 275-287.

[65] FERNANDEZ E, DE CEA J, FLORIAN M, et al. Network Equilibrium Models with Combined Modes[J]. Transportation Science, 1994, 28(3): 182-192.

[66] LO H K, YIP C W, WAN K H. Modeling Transfer and Non-linear Fare Structure in Multi-modal Network[J]. Transportation Research Part B, 2003, 37(2): 149-170.

[67] HAMDOUCH Y, FLORIAN M, HEARN D W, et al. Congestion Pricing for Multi-modal Transportation Systems[J]. Transportation Research Part B Methodological, 2007, 41(3): 275-291.

[68] 四兵锋, 杨小宝, 高亮, 等. 基于出行需求的城市多模式交通配流模型[J]. 中国公路学报, 2010, 23(6).

[69] 四兵锋, 高自友. 多模式的城市混合交通均衡配流模型及算法[J]. 公路交通科技, 1999, 16(1): 44-48.

[70] 黄海军, 李志纯. 组合出行方式下的混合均衡分配模型及求解算法[J]. 系统科学与数学, 2006, 26(3): 352-361.

[71] 孟梦, 邵春福, 曾静靖, 等. 组合出行模式下多方式交通流分配模型及算法[J]. 吉林大学学报(工学版), 2014, 44(1): 47-53.

[72] FORRESTER J W. Industrial Dynamics: A Major Breakthrough for Decision Makers[J]. Harvard Business Review, 1958, 36(4): 37-66.

[73] 王其藩. 系统动力学理论与方法的新进展[J]. 系统管理学报, 1995(2): 6-12.

[74] 王其藩. 高级系统动力学[M]. 北京: 清华大学出版社, 1995.

[75] ALI S. Bencosme A, Dajani, J. A Dynamics Applicability to Transportation Modeling[J]. Transportation Research Part A, 1994, 28(5): 373-400.

[76] PFAFFENBICHLER P, EMBERGER G, SHEPHERD S. A System Dynamics Approach to Land Use Transport Interaction Modelling: The Strategic Model MARS and Its Application[J]. System Dynamics Review, 2010, 26(3): 262-282.

[77] 董艳华. 基于系统动力学的城市群交通规划方法研究[J]. 交通运输系统工程与信息, 2011, 11(3): 8-13.

[78] 谢伟杰. 基于系统动力学的交通运输与区域经济互动关系研究[D]. 成都: 西南交通大学, 2011.

[79] 李希娜. 城市交通运输系统动力学仿真[D]. 青岛: 山东科技大学, 2009.

[80] 钟伟, 丁永波, 金凤花. 城市交通低碳发展策略的系统动力学分析: 基于土地利用视角[J]. 工业技术经济, 2016(6): 134-139.

[81] 徐春堂. 生态城市土地利用系统的系统动力学分析[J]. 中国土地科学, 2008(8): 18-23.

[82] 邬鑫, 赖南, 胡兵. 城市客运交通系统结构可持续发展的机理分析[J]. 交通标准化, 2008(5): 203-207.

[83] 张建慧, 雷星晖, 李金良. 基于系统动力学城市低碳交通发展模式研究: 以郑州市为例[J]. 软科学, 2012(4): 77-81.

[84] 钟莲, 李莉, 宋阳. 基于系统动力学的城市低碳交通情景模拟研究: 以乌鲁木齐为例[J]. 物流科技, 2015(4): 67-69.

[85] 周银香. 基于系统动力学视角的城市交通能源消耗及碳排放研究: 以杭州市为例[J]. 城市发展研究, 2012(9): 99-105.

[86] STEPHANEDES YJ. Control Applications in Analyzing Transportation System Performance Under Dynamic Constraints[C]. System Modeling and Optimization. Proceedings of the 10th IFIP Conference 1982:814-818.

[87] SHEPHERD S, EMBERGER G. Introduction to the Special Issue: System Dynamics and Transportation[J]. System Dynamics Review, 2010, 26(3): 193-194.

[88] KAHN D. Essays in Societal System Dynamics and Transportation: Report of the Third Annual Workshop in Urban and Regional System Analysis[R]. Research and Special Programs Administration, U.S. Department of Transortation, Washington D.C., 1981.

[89] SMITS C, VERROEN E. A System Dynamics Model for Long Term Travel Demand Forecasting and Policy Analysis[C]. Proceedings of the 1996 International System Dynamics Conference, 1996: 505-508.

[90] 王继峰, 陆化普, 彭唬. 城市交通系统的 SD 模型及其应用[J]. 交通运输系统工程与信息, 2008, 8(3): 83-89.

[91] 樊洁, 严广乐. 基于系统动力学的北京市私家车总量仿真与控制[J]. 公路交通科技, 2009(12): 120-125.

[92] 胡斌祥, 李娜, 刘勇, 等. 基于系统动力学的武汉市私车保有量预测[J]. 武汉理工大学学报(信息与管理工程版), 2014(1): 65-68.

[93] 李宇航, 何世伟. 基于系统动力学的城市人均出行次数研究[J]. 交通标准化, 2010(9): 54-57.

[94] 姜洋. 系统动力学视角下中国城市交通拥堵对策思考[J]. 城市规划, 2011(11): 73-80.

[95] ALI H, SANG Y L, JOON H B. A System Dynamics Approach to Land Use/Transportation System Performance Modeling Part I: Methodology[J]. Journal of Advanced Transportation, 2003, 37(1): 1-41.

[96] ARMAH F A, YAWSON D O, PAPPOE A A N M. A Systems Dynamics Approach to Explore Traffic Congestion and Air Pollution Link in the City of Accra, Ghana[J]. Sustainability, 2010, 2(1): 252-265.

[97] SABOUNCHI N S, TRIANTIS K P, SARANGI S, et al. Dynamic Simulation Modeling and Policy Analysis of an Area-based Congestion Pricing Scheme for a Transportation Socioeconomic System[J]. Transportation Research Part A Policy & Practice, 2014, 59(1): 357-383.

[98] CAO J, MENENDEZ M. System Dynamics of Urban Traffic Based on Its Parking-related-states[J]. Transportation Research Part B Methodological, 2015(81): 718-736.

[99] LIU S, TRIANTIS K P, SARANGI S. A Framework for Evaluating the Dynamic Impacts of a Congestion Pricing Policy for a Transportation Socioeconomic System[J]. Transportation Research Part A Policy & Practice, 2010, 44(8): 596-608.

[100] 刘炳恩, 隽志才, 贾洪飞. 城市土地利用与交通系统关系的动力学模型[J]. 吉林大学学报(工学版), 2008(S1): 67-70.

[101] 包金华. 基于系统动力学的城市道路拥挤收费研究[D]. 锦州: 辽宁工业大学, 2016.

[102] 罗家静. 基于系统动力学的郑州市私家车需求仿真研究[D]. 重庆: 重庆工商大学, 2015.

[103] 潘海啸. 上海世博交通规划概念研究: 构建多模式集成化的交通体系[J]. 城市规划学刊, 2005(1): 51-56.

[104] MEYER M D, MILLER E J. Urban Transportation Planning: A Decision-oriented Approach[M]. McGraw-Hill, 2001.

[105] 李旭. 社会系统动力学:政策研究的原理方法和应用[M]. 上海: 复旦大学出版社, 2009.

[106] 叶盈.出行方式链成本测算方法研究[D].杭州: 浙江大学, 2015.

[107] 李萌, 王伊丽, 陈学武. 城市居民个人属性与出行方式链相关性分析[J]. 交通与运输(学术版), 2009(1).

[108] CHEN M, WANG D, SUN Y, et al. Service Evaluation of Public Bicycle Scheme from a User Perspective: A Case Study in Hangzhou, China[J]. Transportation Research Record Journal of the Transportation Research Board, 2017(2634): 28-34.

[109] MENGWEI C, DIANHAI W, YILIN S, et al. A Comparison of Users' Characteristics between Station-based Bikesharing System and Free-floating Bikesharing System: Case Study in Hangzhou, China[J]. Transportation, 2018. DOI: 10.1007/s11116-018-9910-7.

[110] 宋南南, 陈学武. 快速公交（BRT）与轨道交通换乘模式[J]. 交通科技与经济, 2008, 10(5): 65-67.

[111] 董志国. 上海轨道交通出行方式链模型研究[J]. 城市轨道交通研究, 2012, 15(7).

[112] 吴娇蓉, 周冠宇. 上海市居民通勤方式链特征分析与效率评价[J]. 城市交通, 2017(2): 67-76.

[113] 李红莲. 可换乘条件下的城市多模式交通分配研究[D]. 北京: 北京交通大学, 2011.

[114] 孟梦. 组合出行模式下城市交通流分配模型与算法[D]. 北京: 北京交通大学, 2013.

[115] 黄海军. 城市交通网络平衡分析: 理论与实践[M]. 北京: 人民交通出版社, 1994.

[116] HAN A F. Assessment of Transfer Penalty to Bus Riders in Taipei: A Disaggregate Demand Modeling Approach[J]. Transportation Research Record, 1987(1139): 8-14.

[117] HOOGENDOORN-LANSER S, VAN NES R, HOOGENDOORN S. Modeling Transfers in Multimodal Trips: Explaining Correlations[J]. Transportation Research Record: Journal of the Transportation Research Board, 2006, 1985(1): 144-153.

[118] YOO G S. Transfer Penalty Estimation with Transit Trips from Smartcard Data in Seoul, Korea[J]. Ksce Journal of Civil Engineering, 2015, 19(4): 1108-1116.

[119] HUNT J D. A Logit Model of Public Transportation Route Choice[J]. ITE Journal, 1990, 60(2): 26-30.

[120] WARDROP J G. Some Theoretical Aspects of Road Traffic Research[J]. Proceedings, 4th International Conference on Operational Science, 1952: 415-421.

[121] 邵春福. 交通规划原理[M]. 北京: 中国铁道出版社, 2014.

[122] 李成江. 新的 K 最短路算法[J]. 山东大学学报(理学版), 2006, 41(4): 40-43.

[123] CASCETTA E, NUZZOLO A, RUSSO F, et al. A Modified Logit Route Choice Model Overcoming Path Overlapping Problems. Specification and Some Calibration Results[C]// Transportation & Traffic Theory: International Symposium on Transportation & Traffic Theory. 1996.

[124] SHEPHERD S P. A Review of System Dynamics Models Applied in Transportation[J]. Transportmetrica B: Transport Dynamics, 2014, 2(2): 83-105.

[125] 王炜, 陈学武, 陆建. 城市交通系统可持续发展理论体系研究[M]. 北京: 科学出版社, 2004.

[126] 石飞, 沈青. 中国城市交通拥堵成因与对策: 交通工程、城乡规划和经济学视角的分析[J]. 城市交通, 2019, 17(2): 1-6.

[127] 徐甜友. 北京市交通政策影响的系统动力学研究[D]. 北京: 北京交通大学, 2014.

[128] 许菁文惠. 深圳市小汽车限购政策实施后的问题研究[D]. 深圳: 深圳大学, 2017.

[129] 中华人民共和国住房和城乡建设部. 城市综合交通体系规划标准: GB/T 51328—2018[S]. 北京: 中国建筑工业出版社, 2019.

[130] 孙晓亮. 城市道路交通状态评价和预测方法及应用研究[D]. 北京: 北京交通大学, 2013.

[131] 楼齐峰, 马晓龙, 叶盈,等. 基于出行成本的停车收费和供给政策影响分析[J]. 浙江大学学报(工学版), 2016, 50(2): 257-264.

[132] 杭州市道路交通仿真系统研究[R]. 杭州综合交通研究中心, 浙江大学交通工程研究所, 2016.

[133] 杭州市统计局, 杭州市社会经济调查局. 2018 年杭州统计年鉴[R]. [2019-02-14]. http://www.hzstats.gov.cn/tjnj/nj2018/13.pdf.